工业电路板芯片级维修

彩色图解

汪文忠　编

GONGYE DIANLUBAN
XINPIANJI WEIXIU
CAISE TUJIE

U0288617

化学工业出版社

·北京·

图书在版编目（CIP）数据

工业电路板芯片级维修彩色图解 / 汪文忠编. —北京：化学工业出版社，2019.5（2024.7重印）
ISBN 978-7-122-34022-1

Ⅰ.①工… Ⅱ.①汪… Ⅲ.①印刷电路板（材料）—维修—图解 Ⅳ.① TM215-64

中国版本图书馆 CIP 数据核字（2019）第 040626 号

责任编辑：宋　辉　　　　　　　　　　　装帧设计：王晓宇
责任校对：王鹏飞

出版发行：化学工业出版社（北京市东城区青年湖南街 13 号　邮政编码 100011）
印　　装：北京缤索印刷有限公司
787mm×1092mm　1/16　印张 17　字数 421 千字　2024 年 7 月北京第 1 版第 8 次印刷

购书咨询：010-64518888　　　　　　　　售后服务：010-64518899
网　　址：http://www.cip.com.cn
凡购买本书，如有缺损质量问题，本社销售中心负责调换。

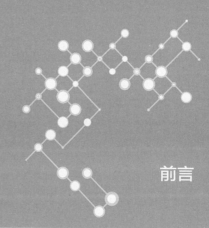

　　在工控维修的圈子待之日久，接触的维修界人士日多，有理论知识丰富的，有实践经验突出的，他们在维修时各显身手，殊途同归。理论丰富的维修者，面对接修之物，看件跑图，穷究原理，力求举一反三，推而广之，"修之四海而皆准"；经验丰富的维修者，维修但凭直觉，拆拆焊焊，成功率也能七七八八。

　　在人们的印象中，电路板维修人员对各种工业电路板的维修成功率肯定不如电路板设计人员，其实并不尽然。这就好比一栋建筑，要完美建成，需要设计师，也需要泥水匠，各有任务重点，泥水匠干的活，建筑设计师却不一定能干好。行业细分了，哪一行能做好做精都不容易。

　　对工业电路板维修感兴趣的朋友，在学习维修的初级阶段，难免产生一些这样的困惑：学历不高，电子理论基础不强的朋友，担心自己难以搞懂电路原理，维修无从下手；学历不错，电子理论基础较强的朋友，学习维修时，容易把深究原理的思维惯性引入到维修中，维修时难免多走弯路，导致效率不高。

　　在维修领域，我们一贯认为：各种电路板乃是电子元件的集合，如果能够保证一个板上各种电子元件都是好的，那么整个电路板也就是没有问题的。因此，维修工作也就是找出电路板上失效的元器件然后加以更换的过程。所以我们在维修培训时建议学员们采取两种不同的学习策略：学历高、基础好的学员，就多从典型电路入手，跑跑电路、弄清原理，做到举一反三，融会贯通，再多掌握一些检修技巧，稍假时日，从入门到精通并非难事。掌握了理论利器，实践起来当事半功倍。学历不高基础不强的学员就多从电子元件检测入手，勤加练习积累经验。日积月累，当可建立维修直觉，经手之板，也能搞定大半。所需理论，日后再慢慢补足。先实践，再理论，以免一入门就碰到拦路虎，丧失信心。

　　本书围绕两种学习策略开展叙述，首先介绍了基于元器件检测的维修方法和基于电路分析的维修方法，让读者熟练掌握基础的维修技能。然后，分别介绍在各领域内各种电路板的维修实例，配以高清彩图，使读者看得明白，修得准确。这些案例既是学习资料，也是实践参考，读者在实际维修时，遇到同类型问题，完全可以参考操作。

本书可供从事工业电路板、电气设备维修的技术人员、企业高级电工阅读学习，也可供维修培训使用。

本书有两部分内容是笔者编著的已出版书籍《深度掌握工业电路板维修技术》和《工业电路板芯片级维修从入门到精通》的延续，所取维修实例部分皆为实际维修案例。本书尽量配合使用各种图片图表来叙述，以方便大家理解。

对于初入工控维修领域的朋友，不免担心维修行业前景。编者相信，全球的各种制造产业自动化有增强的趋势，设备只会越来越多，整个维修市场是会扩大的，我们在技术上占有先机，也是大有可为的。无论将来打工还是创业，多掌握一门技术，有备无患，多一种选择，总不会太差。

本书在编撰过程中，得到资深工控维修人士深圳市深度工控科技公司的肖茂林先生、东莞全芯工控科技有限公司的管颂先生和汪海波先生的大力协助，不少维修方法和案例都是大家共同努力的结果。

因维修及培训工作繁忙，此书成书过程时间有限，虽有不断审核校对，但书中不妥之处仍在所难免，还望各位批评指正。

编者

关注公众号

编者个人微信

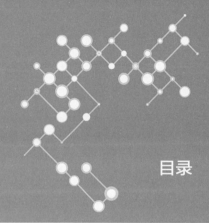

目录

第 4 章　工控机维修实例

第 5 章　PLC 维修实例

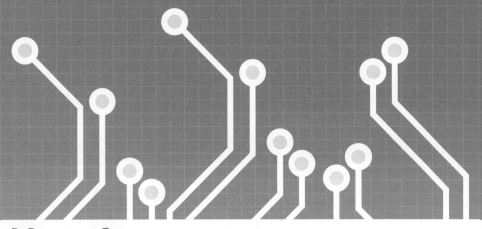

第1章
基于元器件检测的维修

正确检测元器件，让电路板维修变得简单

　　一块电路板，归根结底，就是一些电子元器件的组合。电路板的维修，归根结底，就是找出电路板上的某一个或者某一些失效元器件加以更换的过程。

　　电子维修工作者有不同的文化基础和知识储备，这些差异甚至很大。即使存在这些差异，我们认为都不妨碍对维修技术的学习和掌握。

　　我们经常建议两条不同的学习路径：电子基础强的，甚至有电子研发经验的朋友，不妨多从典型电路入手，多分析电路原理来追踪故障范围；电子基础不那么好的朋友，不妨多从元器件检测入手，只要尽快找到失效的元器件，最终也是殊途同归，能够修好电路板。

　　对元器件的检测也不是"扫地雷"式的忙活，那样工作量肯定很大，而是要根据具体故障现象，根据元器件失效的规律，以及根据元器件损坏的概率去检测查找。

　　两种不同路径不是完全对立的，而是相辅相成、综合应用的。基础扎实的朋友也可以对元器件的检测多些耐心，不必拘泥电路分析，往往更加迅速有效，直达目标解决问题，例如通过使用数字电桥对电解电容的检测，如果发现失效电容，一般更换就好，而不用花太多时间去分析电路原理。电路基础不好的朋友，在掌握了元器件的检测手段，能够维修许多电路板故障以后，也需要花些时间尽量弄清楚电路原理，这样有助于解决难度更高的故障，可以对各类故障举一反三，灵活解决。

　　我们将工控电路板的元器件大致分为电阻类元件、电容元件、磁性元件、二极管、三极管、场效应管、IGBT 和 IPM、集成电路等，其中集成电路属于一个大类，又可分为数字逻辑芯片、光耦、比较器、运算放大器、电源管理芯片、CPU、ADC、DAC、存储器、PLD、CPLD、FPGA、DSP 等。本章就这些元件的识别及失效检测加以介绍。

1.1 电阻类元件的检修

　　电阻是模拟电路和电源电路以及驱动电路中最常见的元器件，阻值和外观差异明显，而在数字电路中，电阻大多并联在开路输出模式总线和电源 V_{cc} 之间作为上拉电阻，或者串联在总线上以保护数字芯片，通常这些电阻是 4 个、8 个或 16 个一组，或者干脆以排阻形式出现，外观一致性明显。所以大致可以此项特征来区分电路板上数字电路和模拟电路。

　　早期电阻多以插件封装出现，现在以贴片封装居多，以节省电路板空间，改善电气特性和节省制造成本。

（1）各种电阻外观

　　各种电阻外观见图 1.1，电阻可大致可按图 1.2 划分类型。

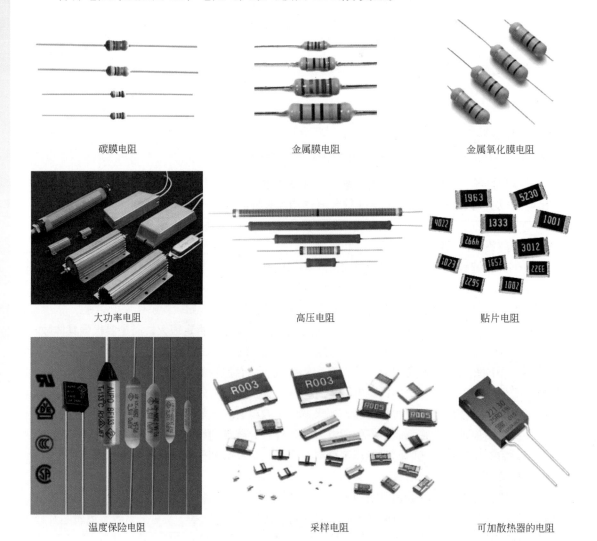

碳膜电阻　　　　　金属膜电阻　　　　　金属氧化膜电阻

大功率电阻　　　　　高压电阻　　　　　贴片电阻

温度保险电阻　　　　　采样电阻　　　　　可加散热器的电阻

图 1.1　各种电阻外观

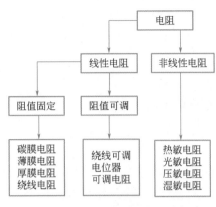

图 1.2　电阻类型

（2）电阻的单位

电阻的单位是欧姆，简称"欧"，符号 Ω，另外常用单位还有毫欧（mΩ），千欧（kΩ），兆欧（MΩ），这些单位的换算关系是：

1mΩ=0.001Ω；1kΩ=1000Ω；1MΩ=1000kΩ=1000000Ω

识别时请注意大小写，不要混淆 mΩ（毫欧）和 MΩ（兆欧）。

（3）电阻的标识

不同外观和型号电阻的阻值大小、功率、阻值精度、温度系数等参数会有不同的标识形式，如图 1.3 所示。

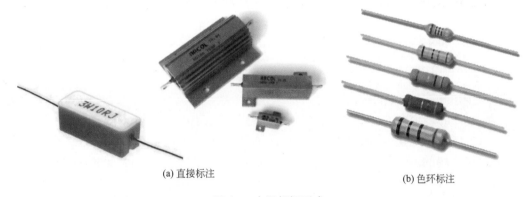

(a) 直接标注　　　　　　　　　　　　　　　(b) 色环标注

图 1.3　电阻标识形式

较大功率的电阻，因为有较多的标识空间，会直接将电阻的参数印刷上去，如水泥电阻印有"3W10RJ"字样，表示该电阻是一个功率为 3W、阻值为 10Ω、阻值精度为 5%（代码 J 表示精度 5%）的电阻。

大部分圆轴型电阻会使用色环来标注，色环标识含义见图 1.4 所示色环电阻表示方法。对于 4 色环电阻，第 1、2 色环表示的是数字，第 3 道色环表示的是前面的数字需要在后面乘以 10 的多少次方，也即在前面数字基础上添加 0 的个数，最后得到的数值就是电阻值，单位是欧姆。如色环分别是红、绿、橙、金的 4 色环电阻，第 1、2 道色环表示数字 25，第 3 色环橙色表示须在 25 后乘以 10^3，即 $25 \times 10^3\Omega$=25000Ω=25kΩ，最后一道色环表示电阻精度误差，金色表示 5% 的误差。

5 色环的电阻前面 3 道色环表示数字，第 4 道色环表示相乘 10 的倍率，如色环依次是蓝、黄、白、红、棕的电阻，表示电阻值是 $649×10^1=6490Ω=64.9kΩ$，精度 1%。

6 色环电阻前面 5 道色环表示方法和 5 色环相同，增加的第 6 色环表示温度系数。

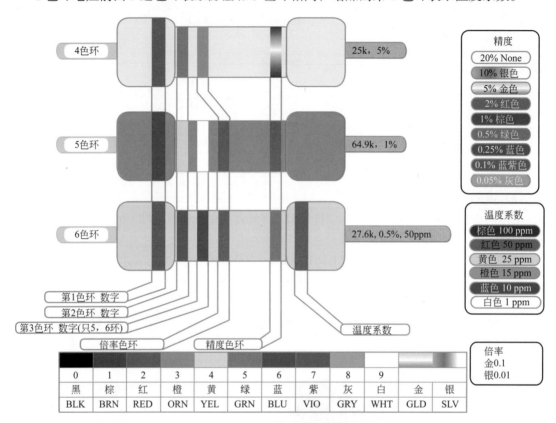

图 1.4　色环电阻表示方法

贴片电阻的标识方法如图 1.5 所示，如果是 3 个数字的，第 1、2 个数字表示数值，第 3 个表示乘以 10 的多少次方，误差是 5%，如"103"表示 $10×10^3Ω=10000Ω=10kΩ$，"151"表示 $15×10^1Ω=150Ω$，"100"表示 $10×10^0Ω=10Ω$；如果是 4 个数字的，第 1、2、3 个表示数值，第 4 个表示乘以 10 的多少次方，精度误差 1%，如"1273"表示 $127×10^3Ω=127000Ω=127kΩ$，"1822"表示 $182×10^2Ω=18200Ω=18.2kΩ$。另外为了防止数字倒过来看引起误读，"562"会标成"5<u>6</u>2"，防止被误读成"295"。另有电阻标记成"R100"，"30R9"，读数识别时可将"R"看成小数点，即"R100"表示 0.100Ω，"30R9"表示 30.9Ω。

图 1.5　贴片电阻的标识方法

另有使用代码来标注的 0603 封装 1% 精度的贴片电阻，如表 1.1 所示。电阻表面标识由两个数字代码和一个字母代码组成，两个数字对应 3 个数字，字母对应数字相乘 10 的多少次方。例如标注"29B"的电阻，通过查表"29"对应"196"，"B"对应"10^1"，则该电阻的电阻值为 $196 \times 10^1 \Omega = 1960\Omega = 1.96k\Omega$。标注"10X"的电阻，查表"10"对应"124"，"X"对应"10^{-1}"，则该电阻的电阻值为 $124 \times 10^{-1}\Omega = 12.4\Omega$

表1.1 代码标注的贴片电阻

倍率代码（0603 1%）										
代码	A	B	C	D	E	F	G	H	X	Y	Z
倍率	10^0	10^1	10^2	10^3	10^4	10^5	10^6	10^7	10^{-1}	10^{-2}	10^{-3}

标准E-96系列电阻值代码（0603 1%）											
数值	代码	数值	代码	数值	代码	数值	代码	数值	代码	数值	代码
100	01	147	17	215	33	316	49	464	65	681	81
102	02	150	18	221	34	324	50	475	66	698	82
105	03	154	19	226	35	332	51	487	67	715	83
107	04	158	20	232	36	340	52	499	68	732	84
110	05	162	21	237	37	348	53	511	69	750	85
113	06	165	22	243	38	357	54	523	70	768	86
115	07	169	23	249	39	365	55	536	71	787	87
118	08	174	24	255	40	374	56	549	72	806	88
121	09	178	25	261	41	383	57	562	73	825	89
124	10	182	26	267	42	392	58	576	74	845	90
127	11	187	27	274	43	402	59	590	75	866	91
130	12	191	28	280	44	412	60	604	76	887	92
133	13	196	29	287	45	422	61	619	77	909	93
137	14	200	30	294	46	432	62	634	78	931	94
140	15	205	31	301	47	442	63	649	79	953	95
143	16	210	32	309	48	453	64	665	80	976	96

代码标识举例：

29B　$29B = 196 \times 10^1 = 1.96k\Omega$　　10X　$10X = 124 \times 10^{-1} = 12.4\Omega$

（4）排阻

排阻，英文为"resistor network"或者"resistor arry"，即"电阻网络"或"电阻阵列"的意思，将数个相同阻值的电阻做成一体，便于使用相同阻值的电阻在电路板上焊装，如图 1.6 所示。排阻有单排插装封装、双列直插封装以及贴片封装。

白色圆点表示公共端

图 1.6　排阻

如图 1.7 所示，排阻分为 A 型排阻和 B 型排阻。A 型排阻有一个公共端，插孔排阻用白色的圆点表示公共端（图 1.6），贴片排阻公共端是最边上的引脚。有公共端的排阻常在数字电路中做上拉电阻使用，以匹配集电极开路输出或漏极开路输出的芯片，这类电阻阻值往往在千欧姆以上；B 型排阻没有公共端，内部电阻是独立的，这类排阻往往串联在总线使用，阻值往往在 100Ω 以下。

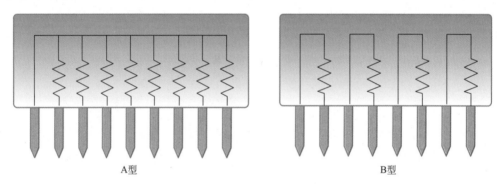

A型　　　　　　　　　　　　　　　　B型

图 1.7　排阻类型

（5）电阻的功率

电阻都有一个额定功率，实际功率不能超过其额定功率，否则，电阻有可能因过热而烧毁。电阻的额定功率基本上由其体积决定，体积越大，功率也越大。体积较大的电阻，其标称功率一般会印在电阻表面上，而色环电阻、贴片电阻，额定功率和封装大小存在对应关系，表 1.2 列出了常用电阻的功率-封装对应关系，维修代换时应注意。

表 1.2　常用电阻功率-封装对应关系表

功率	封装（贴片式）	功率	封装（插接式）
1/16W	0402	1/8W	AXIAL0.3
1/10W	0603	1/4W	AXIAL0.4
1/8W	0805	1/2W	AXIAL0.5
1/4W	1206	1W	AXIAL0.6
1/3W	1210	2W	AXIAL0.8
1/2W	1812	3W	AXIAL1.0
3/4W	2010	5W	AXIAL1.2
1W	2512		

（6）贴片电阻的封装尺寸

如表 1.3 所示，电阻的封装尺寸分英制尺寸和公制尺寸，一般按照英制尺寸区分的较为常见，购买代换时请注意。

表 1.3　贴片电阻的封装尺寸

英制 /inch	公制 /mm	长 /mm	宽 /mm	高 /mm	a/mm	b/mm
0201	0603	0.60±0.05	0.30±0.05	0.23±0.05	0.10±0.05	0.15±0.05
0402	1005	1.00±0.10	0.50±0.10	0.30±0.10	0.20±0.10	0.25±0.10
0603	1608	1.60±0.15	0.80±0.15	0.40±0.10	0.30±0.20	0.30±0.20
0805	2012	2.00±0.20	1.25±0.15	0.50±0.10	0.40±0.20	0.40±0.20
1206	3216	3.20±0.20	1.60±0.15	0.55±0.10	0.50±0.20	0.50±0.20
1210	3225	3.20±0.20	2.50±0.20	0.55±0.10	0.50±0.20	0.50±0.20
1812	4832	4.50±0.20	3.20±0.20	0.55±0.10	0.50±0.20	0.50±0.20
2010	5025	5.00±0.20	2.50±0.20	0.55±0.10	0.60±0.20	0.60±0.20
2512	6432	6.40±0.20	3.20±0.20	0.55±0.10	0.60±0.20	0.60±0.20

（7）电阻的精度

经常使用的电阻会按照精度等级规定某些阻值，如 E24 系列，常用于精度 5%，从 1Ω 开始，按照 5% 精度递增，阻值有 1Ω、1.1Ω、1.2Ω、1.3Ω、1.5Ω 等。E96 系列常用于精度 1%，按照 1% 精度递增，阻值有 1Ω、1.02Ω、1.05Ω、1.07Ω 等。

（8）电位器和可调电阻

一般把带手柄可调的、体积和功率相对较大的电阻叫作电位器，而用小螺丝刀来调节的、体积和功率较小的电阻叫可调电阻，各种外观如图 1.8 所示。工控电路板常用到的为多圈精密可调电阻，一般用作模拟量的调整，调整好后用螺丝胶固定住，避免他人再去调整。维修时若怀疑某处模拟参数异常，在没有把握的情况下不可贸然调整可调电阻，如要调整，须将调整前的位置标记好。

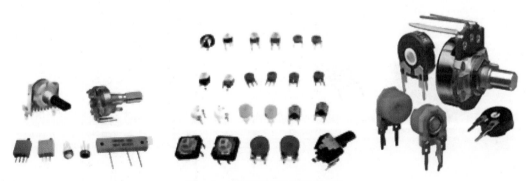

图 1.8　电位器和可调电阻外观

电位器和可调电阻的阻值标识方法与印字的电阻器基本相同。

（9）热敏电阻

热敏电阻（图1.9）是对温度敏感的元件，不同的温度下表现出不同的电阻值。电阻值随着温度升高而变大的称为PTC（正温度系数热敏电阻），电阻值随着温度升高而变小的称为NTC（负温度系数热敏电阻）。另有专门做温度传感器使用的铂电阻，如Pt100和Pt1000，这类传感器的电阻值与其感知的温度有对应关系，通过测试传感器的电阻值就可以知道感温头的温度。

PTC   NTC   贴片PTC   Pt100和Pt1000铂电阻

图1.9 热敏电阻

（10）光敏电阻、湿敏电阻、压敏电阻

光敏电阻的电阻外观如图1.10所示，电阻值随着光照强度增大而减小。湿敏电阻的外观如图1.11所示，阻值随着湿度增加而减小。压敏电阻是过压保护元件，压敏电阻的外观如图1.12所示，当两端电压不超过其阈值时，流过的电流非常小，一旦超过阈值，电流迅速增大，从而保护后级元件不受电压过高危害。

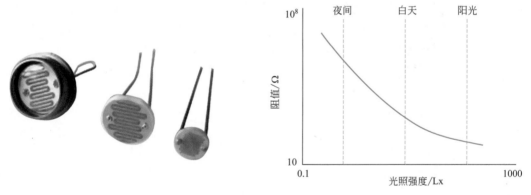

图1.10 光敏电阻外观及光照强度 - 阻值曲线

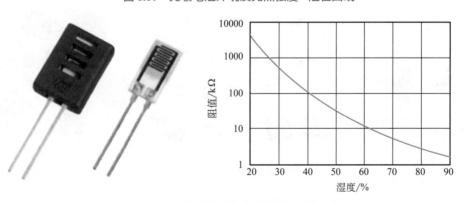

图1.11 湿敏电阻外观及湿度 - 阻值曲线

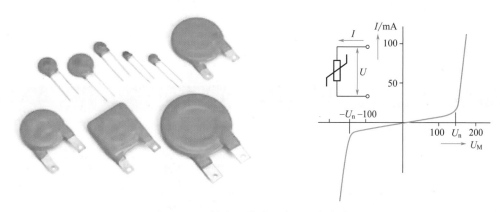

图 1.12 压敏电阻外观及电压 - 电流曲线

（11）常见电阻元件检测方法

电阻是各种电路板中数量最多的元件，但不是损坏率最高的元件。电阻损坏的情形包括以下方面：

① 开路；

② 阻值变大；

③ 阻值变小。

电阻损坏以开路和阻值变大最为常见，阻值变小十分罕见。小阻值电阻（100Ω 以下）损坏时往往因为过流有烧黑的痕迹，从外观比较容易辨别。电阻失效除了电流过大引起的损坏以外，工作环境因素引起的损坏也是主要原因。通过观察电路板的新旧程度，可判别电阻损坏的可能性大小。如果电路板有电池或电解电容漏液，受漏液影响的电阻损坏可能性大；如果电路板整体元件引脚和焊盘上的焊锡晦暗无光泽，甚至有明显锈蚀痕迹，则板上电阻损坏的可能性大。

电阻为什么呈现以上损坏特点呢？我们可以看一下电阻的内部结构。常见电阻的内部结构如图 1.13 所示。可见每种电阻都有独特的结构，以适应不同的应用场合。

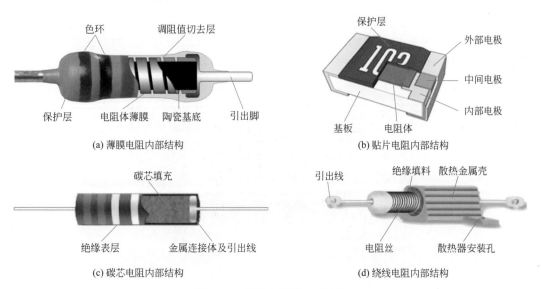

(a) 薄膜电阻内部结构   (b) 贴片电阻内部结构

(c) 碳芯电阻内部结构   (d) 绕线电阻内部结构

图 1.13 常见电阻的内部结构

如图 1.14 和图 1.15 所示，螺旋形的黑色电阻体某个区域因遭到侵蚀而变细或者断开，最终造成电阻的开路或阻值增大失效。电阻体被侵蚀的原因往往是因为水汽透过电阻的保护表层，在直流电场的作用下发生了电化学反应，造成电阻体截面的缺损，截面积变小，则电阻值变大。

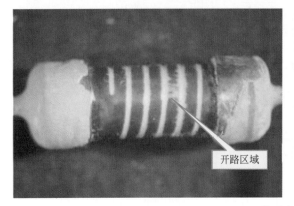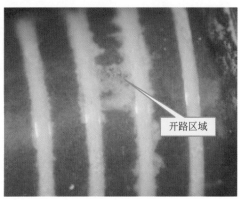

图 1.14　薄膜电阻开路

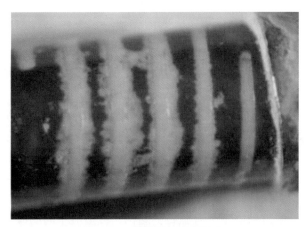

图 1.15　薄膜电阻阻值增大

图 1.16 的贴片电阻因为使用过程中引出脚银的腐蚀和迁移造成空洞不断扩大，引发阻值变大甚至开路。

图 1.16　贴片电阻引出脚银被腐蚀

另外，绕线电阻的内部就是电阻丝，电阻丝也会受到类似的电化学腐蚀作用，从而减少截面积，造成电阻值变大。

基于以上原因，绝大多数电阻损坏表现为阻值变大或开路，所以我们可以通过在线测试电路板上电阻的阻值就可以判断电阻是否损坏，注意在线测试时不能使用指针万用表，要尽量使用具有真有效值测量功能的数字万用表，此类万用表的测量显示速度比较快。

常看见许多初学者检修电路时在电阻上折腾，又是拆又是焊的，其实，只要了解了以上电阻的损坏特点，可能不必大费周章。

电路原理告诉我们：电阻在电路中和其它元件并联以后的阻值必定小于或等于此电阻本身的阻值，根据这个特点，我们可以不从电路板上拆下电阻，可以在线测量其阻值，如果测得的阻值在误差范围内比被测电阻的标称阻值大（要注意等阻值显示稳定后再下结论，因为电路中有可能并联电容元件，有一个充放电过程），则此电阻一定损坏！如果测得的阻值比标称阻值小或相等，由于电路可能有其它元件并联的原因，则一般不用理会它，除非电阻阻值变小了，而这种情况十分罕见，笔者也只见过 4 ～ 20mA 电流取样电路中的取样电阻有过一次这样的情形。在维修故障不明的电路板时，可以对电路板上每一个电阻都量一遍，即使"错杀一千"，也不会放过一个！如果万用表反应够快，检测所耗工时也不会太多，万一真测出来那么一个阻值变大的"坏家伙"，很有可能它就是电路板异常罢工的"罪魁祸首"！笔者使用此法在维修实践中屡试不爽。

电阻变小的一个特别例子是电路板上的脏污引起的电阻并联效应。电路板长期工作，粉尘、湿气、盐雾等会在电阻两端沉积一层微导电的灰垢，灰垢的电阻可以视为兆欧以上级别，如果此兆欧以上级别电阻并联在电路板上 10kΩ 以下级别的电阻两端，会使得并联总阻值有 1% 以下的变化，对电路参数的影响可以忽略不计；如果并联在 100kΩ 以上级别的电阻两端，会使得并联总阻值有 10% 以上的变化，这样对电路参数的影响就不能忽略不计了。所以，针对包含有 100kΩ 以上电阻值的脏污电路板，不妨对电阻周边脏污加以清洗，或者整板清洗烘干，这样处理后往往故障会得到解决。

万用表测试电阻时，有时候需要排地雷式检查。因为针对的电阻值各不相同，需要使用万用表的自动换挡测试功能，而自动换挡功能下，万用表阻值显示速度会比较慢，这样会降低检修效率，容易引起维修人员焦虑，也容易疏忽漏查真实故障点。而在检修电路板数字电路部分时，电阻多为阻值相同且大量分布，因此测试电阻时可以选择某个手动挡位测试，比自动挡测试速度会快很多。以 FLUKE 万用表为例，当自动挡测试到某个电阻阻值稳定时，万用表表笔不要离开测试电阻，然后按下万用表上"RANGE"按键，则万用表针对当前电阻值转换成最佳手动挡，以此挡就可以测试附近其它电阻了。

毫欧姆级别的电阻，例如某些电流采样电阻，使用万用表的电阻挡是测试不出来的，因为万用表表笔的导线电阻和接触电阻的阻值就超过了毫欧姆级别，而且还不稳定。判断这样的电阻需要使用毫欧表或者带电阻测试功能的数字电桥。

（12）电位器、热敏电阻、压敏电阻的检测维修

电位器的损坏大多是因为频繁调节引起的接触不良，或电阻体磨损过度引起的开路及阻值调节不连续故障。可以通过一边调节一边测试阻值的办法来确认故障，如果调节电位器时阻值不连续，可判断损坏。损坏后取相同参数规格的代换即可。

热敏电阻串联在电路做保护时，电阻值较小，一般都在 50Ω 以下，测试发现开路可判断损坏。某些做温度补偿或温度检测的热敏电阻，可在线测试电阻时，使用热的电烙铁头靠近热敏电阻，观察电阻值是否随着温度升高而发生变化，如果变化明显，则可确定热敏电阻是好的。

压敏电阻使用万用表测量时，正常显示是开路的。压敏电阻损坏时一般会爆裂，有明显烧损痕迹，压敏电阻代换时要注意选用相同的尺寸和电压值。

（13）电阻的代换

在不完全清楚手头电路板原理的情况下，应该遵循的所有元件的代换原则是：以同级或更高级参数的元件来代换。电阻的代换原则为：取相同或更高功率的电阻来代换，取相同或更高精度电阻值的电阻来代换，取相同或更高温度系数品质的电阻来代换。在对频率敏感的电路中，更要注意代换电阻对频率可能的影响。

如果对电路的原理结构非常熟悉，知晓不同参数在电路中的影响大小，也可以根据手头现有元件方便行事。有时手头缺少某款阻值的电阻，也可以采用串、并联的方法来组成所需阻值的电阻，串、并联时要注意电阻功率的选取，进行必要的计算，考虑实际工作时每个电阻都不得超出其额定功率。

1.2 电容元件

电容可以形象地用一个圆柱形水池来加以说明。电荷等同于水，电压等同于水位高度，充电等同于往水池注水，放电等同水池往外放水，如图 1.17 所示。由此可知，电容有充放电作用，电容不消耗能量。

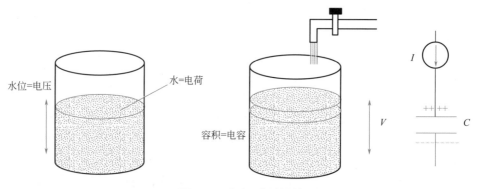

图 1.17　电容 - 水池比较

电容是工控电路板中使用量仅次于电阻的元件（图 1.18）。根据常见工控电路板的特点，将电容分为铝电解电容、钽电解电容、瓷片电容、薄膜电容、固态电容、法拉电容（超级电容）加以介绍。

（1）电容的参数识别

电容容量基本单位是 F（法拉），相对来说，F 是一个很大的单位，常用的电容单位是 mF（毫法）、μF（微法）、nF（纳法）、pF（皮法），千进制单位，换算关系如下：

$$1F=1000mF, \quad 1mF=1000\mu F, \quad 1\mu F=1000nF, \quad 1nF=1000pF$$

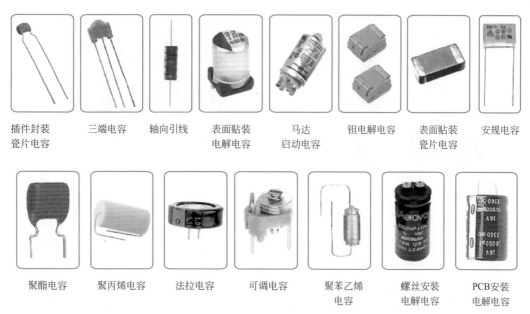

插件封装瓷片电容	三端电容	轴向引线	表面贴装电解电容	马达启动电容	钽电解电容	表面贴装瓷片电容	安规电容

聚酯电容	聚丙烯电容	法拉电容	可调电容	聚苯乙烯电容	螺丝安装电解电容	PCB安装电解电容

图 1.18　各种电容

电容的基本参数有容量、耐压、温度及精度。铝电解电容的电容量相对比较大，表面有足够的空间便于印刷字符，所以一般直接用数值标识，如 0.1μF，220μF，1000μF 等，耐压和温度范围也会在印在电容外壳表面。大多数薄膜电容、瓷片电容、钽电解电容因标注空间有限，会使用类似贴片电阻上的标识方法，即第一、第二位表示数字，第三位表示倍率，单位是 pF，如 103 表示 10000pF，224 表示 220000pF，有些会直接用 nF 单位表示，如 10nF，33nF。小于 100pF 的插件瓷片电容会在上面直接标注数值，如 33，22 等。片式瓷片电容及独石电容一般不会在上面标注容量，要想知道其容量，只能拆下使用电容表、LCR 电桥测量。薄膜电容通常会在容量标注后带一个字母，对应不同精度等级，其表示意义是：

D：±0.5%；　　　　　　　　　　J：±5%；

F：±1%；　　　　　　　　　　K：±10%；

G：±2%；　　　　　　　　　　M：±20%。

铝电解电容的温度范围常见有标识 -25 ～ +85℃ 及 -55 ～ +125℃ 范围，表示电容在这个温度范围内可以正常工作。

（2）铝电解电容

铝电解电容将铝质圆筒状外壳作为负极，内部装有液体电解质，正极由铝带连电极引出。经过直流电压处理后，在正极铝带上形成氧化膜介质，如图 1.19 所示。铝电解电容容量可以做得很大，而且相对廉价，在低频滤波场合应用较多。

铝电解电容的容量从零点几微法到几万微法，耐压从 5V 到 630V 都算常见。电解电容的容量误差不会特别标出，一般都是 20%。

① 铝电解电容标注信息解读

铝电解电容会在外壳表面印刷容量、电压、工作温度范围等信息（图 1.20），另外铝电解电容的负极会特别标注，焊接安装时注意极性，不要接反。

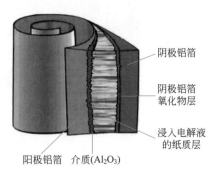

(a) 各种封装的铝电解电容　　　　　　　(b) 铝电解电容的内部结构

图 1.19　各种封装铝电解电容及铝电解电容内部结构

 注意

　　贴片安装的铝电解电容的容量数字是直接读取的，如 470 表示 470μF，100 表示 100μF，这和电阻的标注不同，要注意区分。还有些电解电容的电压标注是用生产厂商的代码，选型时要注意。

图 1.20　铝电解电容的标注信息

　　因为铝电解电容的制造工艺特点，实际应用中，我们不能将电容看成理想电容器，要考虑的不仅仅是电容特性，还要考虑电容的 ESR（串联等效电阻）和 ESL（串联等效电感）以及漏电流等参数和特性，铝电解电容的等效电路如图 1.21 所示。所谓 ESR，就是实际的电容器相当于理想电容器和一个电阻的串联。本来电容只是充电和放电，是电荷的"搬运工"，是不损失能量的，而电阻是消耗能量的，充放电时电流流过等效电阻，会造成电荷的损失，相当于水池漏水，必然会造成电容供给后级电荷不足，影响电路工作，同时，电流通过 ESR 会发热，影响电容使用寿命。实际的电容器还有一定的电感特性，对交流电压电流具有阻碍作用，频率越高，作用越明显，因此对电路高频成分的滤波效果不理想。另外，铝电解电容还存在一定的漏电流，电压越高，温度越高，漏电越明显。

图 1.21　铝电解电容的等效电路

基于以上因素，电路设计者会在铝电解电容上并联滤除高频成分的薄膜电容、瓷片电容等小容量电容，不同电容"齐心合力"才可以滤除不同频率的干扰。

② 铝电解电容的寿命

铝电解电容电解液的挥发不可避免，所以，铝电解电容几乎都会失效损坏，只是时间问题，短则数年，长则十多二十年，视电容品质和工作环境而不同。

正常工作情况下，影响铝电解电容寿命的最大因素是温度。每增加 10℃，电容的寿命减半。另外，温度也影响电容量，一般情况下，电容量随着温度的升高而增加。如图 1.22 所示，是几种电容的容量 - 温度变化曲线，可以看到钽电容和聚酯电容的容量 - 温度变化曲线比较平坦，而铝电解电容的容量 - 温度变化曲线相对陡峭很多。尤其失效的铝电解电容，随着温度变化，容量有更加明显的变化。这可以解释很多由铝电解电容失效引发的故障。通常是机器冷机不开机，通电一段时间后才可以开机，这往往是铝电解电容失效导致的问题。因为电容在常温时容量已经严重不够，使得电路滤波不好，直流供电不稳。通电一段时间后，电容内部电解液温度上升，电容量也随之上升，电容的滤波效果又有所改善，尚可满足电路工作条件，从而电路又可以正常工作了。

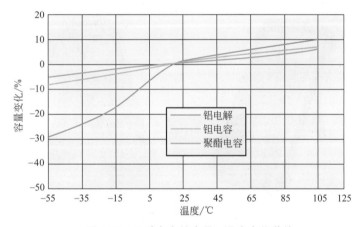

图 1.22　几种电容的容量 - 温度变化曲线

如果变频器或伺服驱动器母线上的滤波电容失效，容量下降，会导致欠压或者过压报警。因为电容容量下降失效，宛如水池容积变小。池塘蓄水量不够，放出少量水，水位就容易下降，注入少量水，水位就容易上升，同理，电容电荷储存能力不够，母线向驱动供电，放掉一些电荷，电压就迅速跌落；如果制动，电机做功向电容回充，电容电压也迅速抬升。

③ 铝电解电容鼓包漏液

有些铝电解电容损坏明显，从外观上就可以看出有鼓包或漏出电解液的现象，如图 1.23 所示。注意维修时，除了更换损坏的电容外，也要检查电解液漏出对电路板其它元件和线路板铜箔连线的影响。电解液会导电，会腐蚀线路，应使用洗板水和刮刀彻底清理电路板上电解液残留。

④ 铝电解电容的测量和失效判断

很多维修人员会想到使用万用表或电容表来检查电容，通过观察电容量是否符合来判断失效与否。但是这种方法是有局限性的，容量下降明显的电容，当然可以甄别，而某些电容，使用万用表和电容表（图 1.24）测试，容量并无异常，然而最终还是换掉当事电容后电路才好，这是为何？因为万用表和电容表是给的直流测试电流，电容在不同频率下的充放电特性，并不能体现出来。万用表或电容表测试的只是电容量这个单一的参数，而数字电桥测试参数还包括电容的损耗（D 值）、ESR 等，这些参数也直接与电容是否失效相关。

漏液

图 1.23　铝电解电容鼓包和漏液

 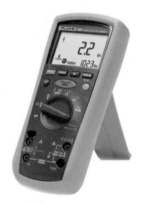

图 1.24　电容表和万用表

对电容的测试推荐使用 LCR 数字电桥或 VI 曲线测试仪。因为数字电桥或 VI 曲线测试仪输出的测试信号是正弦波交流信号，这可以完全模拟电容的工作状态。

图 1.25 所示数字电桥及开尔文测试夹。我们来看看数字电桥测试电容的一些重要参数。

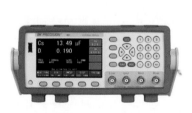  

(a) 台式数字电桥　　　(b) 手持数字电桥　　　(c) 开尔文测试夹

图 1.25　数字电桥及开尔文测试夹

如图 1.26 所示为实际电容的阻抗相量图，虚部 X_c 表示容抗，实部 R 表示电阻值，电阻 R 就是与损耗相关的 ESR，R 与容抗 X_c 的比值损耗因数 D 越大，表示电容的损耗越大，损耗达到一定程度，电容便会失效。对电容来说，$X_c=1/(2\pi fC)$，频率 f 越高，X_c 越小，损耗因数 D 越大，D 值是随频率变化的一个参数。所以在测试相关电容参数时应该选取该电容实际工作针对的滤波频率。实际电容等效电路如图 1.27 所示。

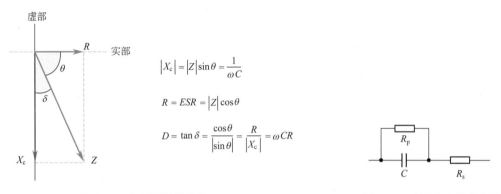

$$|X_c| = |Z|\sin\theta = \frac{1}{\omega C}$$

$$R = ESR = |Z|\cos\theta$$

$$D = \tan\delta = \frac{\cos\theta}{|\sin\theta|} = \frac{R}{|X_c|} = \omega CR$$

图 1.26　电容阻抗相量图　　　　图 1.27　实际电容等效电路

电容的损耗因数是内部的漏电电阻 R_p、串联等效电阻 ESR、串联等效电感 ESL 的综合影响。铝电解电容工作在低频状态，串联等效电感可不予考虑。因此，数字电桥测试铝电解电容时，应选择 100Hz，通常 D 值应＜0.1，如果＞0.2，则判定该电容损坏，很有可能电路故障就是该电容导致的。如果 $0.1 < D < 0.2$，则说明该电容损耗偏大，但可能还不足以引发问题，建议最好更换。

电解电容更换注意事项

　　从实际维修情况统计来看，品牌好的电容，如 NICHICON RUBYCON 等品牌的电解电容一般要 10 年以上才出问题，而较差品牌的电容可能三五年就出问题。铝电解电容在代换时，须注意耐压的降比使用，应至少留足 15% 的耐压裕量。如 24V 电源使用 25V 耐压的电容，短时间应该不会出现问题，时间一长，问题就会显现，电容寿命会大打折扣。

　　铝电解电容是有极性电容，要注意电容极性千万不可接反，否则会有爆炸的危险，特别是高电压电解电容，接反后通电的爆炸威力很大。铝电解电容会在外壳上特别标注负极，代换时须对照电路板上的正负极性，有些德系工控电路板不会在 PCB 板上标注极性，拆卸更换之前须做好标记，以免更换后再焊接时弄错，如果确实忘记做标记，也可以根据电路上电容引脚的连接情况分析正负方向。

（3）钽电解电容

钽电解电容（图 1.28）使用稀土元素金属钽形成的五氧化二钽氧化膜作为介质，在工作过程中，具有自我修补的电化学特性，因为没有液态电解液，相比铝电解电容具有非常优异的性能，接近理想电容的特性。

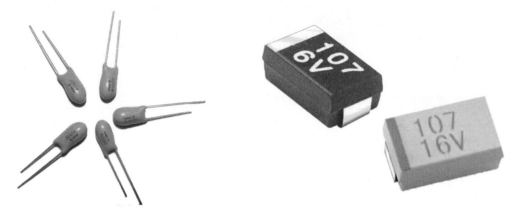

图 1.28 钽电解电容

钽电解电容具有非常小的 ESR 和 ESL，寿命长、耐高温、精度高、滤除高频谐波特性好，可以做到小型化，但其固有的工艺特点也决定了它的一些缺点。钽电解电容的电容量和耐压不可以做到很高，一般常见的容量在零点几微法到数百微法之间，耐压在 5V 到 63V 之间。因为较小的 ESR 和 ESL，钽电容在电压加载瞬间，电流冲击比较大，这会造成钽电容击穿短路，我们在维修过程中偶有碰到击穿短路的钽电解电容。另外，由于使用了稀土元素金属钽，钽电容的成本要比铝电解电容高很多。

钽电容的电容量有些会使用直标法，有些使用和电阻一样的数值 $\times 10^n$ 的方法，单位是 pF，例如 476 表示 $47 \times 10^6 pF = 47\mu F$。

钽电解电容也是有极性电容，厂家会在电容正极一端特别标注，这一点和铝电解电容在负极特别标注刚好相反，初学者容易混淆，要特别注意。详细的表示方法见图 1.29。

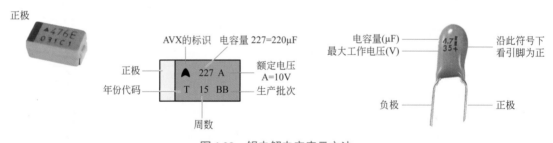

图 1.29 钽电解电容表示方法

钽电容的损坏概率非常小，维修针对钽电容的 D 值测试没有太大意义，钽电容的 D 值基本不会偏大。维修中碰到钽电容损坏，要么是外观炸裂，要么是电容两端短路。所以只要使用万用表通断挡测试钽电容两端就可判断是否损坏。

（4）瓷片电容

瓷片电容（图 1.30）使用陶瓷做介质，其上涂覆一层金属薄膜，经高温烧结引出电极而成。瓷片电容容量稳定、绝缘性能好、耐高压，但容量小。

贴片封装的瓷片电容表面不会印字，实际电容量须拆下电容测试才知道。很多维修初学者会疑惑，如果电容量发生变化，如何得知？其实大可不必考虑这些问题。工业电路板检修统计，瓷片电容，特别是贴片封装的瓷片电容，偶有短路损坏，电容量发生变化的基本还没有碰到过，那么检修方法也就和测试钽电容差不多，万用表通断蜂鸣挡测试，蜂鸣器响起，再拆下瓷片电容进一步确认即可。

图 1.30　瓷片电容

至于测试到电容确实有短路的，此时当然也不好测试电容的容量，因为短路了，电容量测试不出来，这时候就需要通过以下方法弄清楚电容量了：

a. 参考相同电路板上相同位置的电容，取下测值；

b. 参考电路板上完全一致的电路上的电容，取下测值；

c. 参考典型电路（如芯片数据手册公版图给出的电路）取值，例如可以利用电源管理芯片的振荡电容和电阻的组合决定频率的计算公式推定电容量；

d. 如果是并联在芯片电源端的去耦电容，容量大小可以很宽，从 10nF ～ 100nF 都可以，甚至不要，对电路的影响也不大。

瓷片电容的耐压问题，一般没有特别说明，用在数字电路或普通模拟电路的电容耐压都在 50V 以上，所以不用特别担心电容耐压。而高压瓷片电容都有特别标注，如果更换，按照原来耐压选择即可。

（5）独石电容

独石电容（图 1.31），也称 MLCC，是片式多层陶瓷电容器英文缩写（Multi-layer ceramic capacitors），有着不少优良的性能，近年来随着元件小型化及手机等消费类电子产品的快速发展而产量剧增。

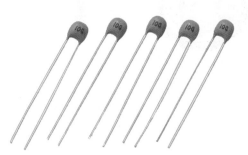

图 1.31　独石电容

这类电容损坏和瓷片电容情况基本类似。

（6）薄膜电容

薄膜电容（图 1.32）是以金属箔当电极，将其和聚乙酯、聚丙烯、聚苯乙烯或聚碳酸酯等塑料薄膜从两端重叠后，卷绕成圆筒状构造的电容器。而依塑料薄膜的种类又被分别称为聚乙酯电容（又称 Mylar 电容）、聚丙烯电容（又称 PP 电容）、聚苯乙烯电容（又称 PS 电容）和聚碳酸电容。随着工艺改进，在塑料薄膜上真空蒸镀一层很薄的金属作为电极，

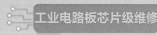

可以降低金属箔的厚度，便于电容的小型化。

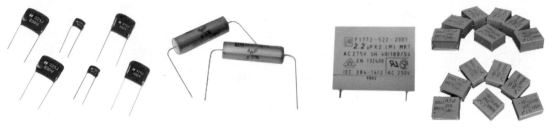

图1.32　薄膜电容

薄膜电容具有不少优良特性：无极性、绝缘阻抗很高、频率特性优异（频率响应宽广）等，而且介质损失很小。因此在模拟电路中得以大量应用，高档音响更是以使用高品质薄膜电容器作为卖点。工业电路板中常见作为安规电容、电机启动电容以及仪器仪表电路中的振荡、信号耦合电容。

此类电容极少损坏，不是电路检查的重点。

（7）固态电容

固态电容全称是固态铝质电解电容（图1.33），使用了与普通铝电解电容不同的介电材料。普通电容使用电解液，而固态电容使用导电性高分子作为介电材料，因而比普通铝电解电容具有很多优良特性，如环保、温度特性优良、频率特性好、寿命长、低ESR、不会爆浆、爆炸等。所以固态电容在仪器仪表、电脑主板及数码产品中已经得到大量应用。但固态电容的耐压不高，这限制了它的应用范围。

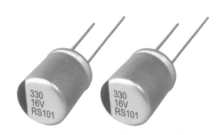

图1.33　固态电容

此类电容也可以使用与铝电解电容一样的方法检测。

（8）法拉电容

法拉电容亦称超级电容，通常电容量在0.1F以上。法拉电容可以大电流充电，可以很快就充满，因为容量很大，小电流放电时间很长，表现就跟电池一样，所以在电路中常用来代替电池给断电后的RAM供电，以保存用户参数及程序。常见的法拉电容如图1.34所示。

如果法拉电容失效，可能会引发电路板容易丢失参数或参数读写失败等故障。法拉电容是否损坏可以视其电压保持时间来判断，如果在电路板断电后电压跌落很快，则排除其它原因后，可能就是电容本身的问题，如果长时间电压跌落不明显，则此电容正常。此类电容也较少损坏，不是检查重点。

图 1.34　法拉电容（超级电容）

（9）电容的代换

电容代换时除了要电容量一致以外，还须注意原电容上标注的耐压和温度，一定要使用同级或更高级别的耐压和温度等级的电容来代换原电容，同时注意电容的安装尺寸。有时候手头没有合适电容，应急使用也可以采用电容串联或并联的方式，注意串联两个电容，理论上耐压可以比原来单个电容耐压低，但即使一模一样的电容串联，也可能因为电容电压分布不均匀而导致某一个电容实际电压超出，所以尽量采用和原来电容一样耐压的电容串联。

1.3　磁性元件

与"磁性"相关的元件，包括电感线圈、变压器、电磁继电器、接触器、霍尔电流检测器等。

（1）电感线圈

电感线圈是将导线一圈一圈绕在绝缘骨架上，绝缘骨架可以是空心、铁芯或磁芯。在工控电路板的应用中，最常见到的是做开关电源中的滤波或储能用途。各种电感线圈如图 1.35 所示。电感量的单位是亨利，简称亨，用字母 H 表示，另有毫亨（mH），微亨（μH），纳亨（nH），它们的关系是：

$$1H = 1000mH；1mH = 1000μH；1μH = 1000nH$$

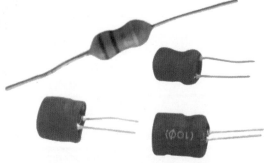

图 1.35　电感线圈

电感线圈使用直接标注法，如 220 表示 22μH，100 表示 10μH，4R7 表示 4.7μH，R10 表示 0.1μH，22n 表示 22nH。另有些电感使用色环标注法，其电感量和色环电阻的表示法相同，如色环棕、黑、棕、银表示电感量 100μH ±10%。

有一类电感用于滤除超高频率（50MHz 以上）的干扰，这类电感叫作磁珠，如图 1.36 所示。

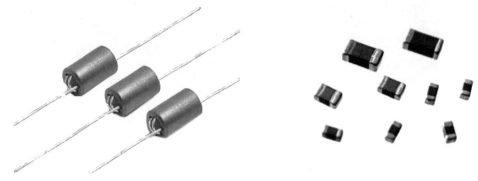

图 1.36　磁珠

还有一类常用电感叫作共模电感，也叫共模扼流线圈，它是由两个相同的绕组绕制在一个铁氧体磁芯上引出的 4 个接线端器件，每一组线圈都串联在电路里，如图 1.37 所示。如果有差模信号，则信号通过两个线圈产生的磁通互相抵消，线圈对差模信号没有阻碍作用，而当有共模信号时，两个线圈产生的磁通是加强的，线圈对信号阻碍作用加强，这种阻碍作用是双向的，既可以阻碍前级干扰信号串入后级，也可以阻碍后级干扰信号串入前级。

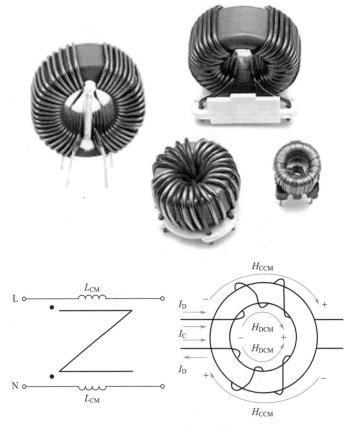

图 1.37　共模扼流线圈

工业电路板维修中，电感线圈属于不易损坏的元件，偶见因腐蚀断路、电流过大烧断线圈及线圈匝间短路的情况。开路损坏可用万用表电阻挡测出。电感量可以用电感量测试仪测出，推荐使用数字电桥测试电感。因为大多数电源电路储能电感工作在较高频率（在10kHz 以上），所以使用电桥测试时频率选择 10kHz，测试除了关注电感量以外，重点关注 D 值，正常 D 值应小于 0.1，若 D 值大于 0.2 则判定有线圈匝间短路。

（2）变压器

变压器是利用电磁感应原理改变电压的装置，工控电路板常见的变压器是使用铁芯的工频变压器（图 1.38）和使用铁氧体磁芯的高频变压器（图 1.39）。

图 1.38　工频变压器

图 1.39　高频变压器

理想变压器的基本特点是：输入输出交流电压的比值与输入输出线圈的匝数比值相同，因而理论上可以对交流电压进行任意的升压或降压的变换。

硅钢片铁芯的变压器，一般用于 50 ～ 400Hz 的工频场合。硅钢片铁芯的磁通密度大，虽然叠加的硅钢片之间有绝缘漆绝缘，但单片硅钢片内还是存在涡流损耗，高频场合不适宜用此类铁芯。

铁氧体磁芯电阻率比金属、合金磁性材料大得多，因而涡流损耗很小，用铁氧体磁芯制作的变压器用于比较高频的场合，如开关电源的储能电感和开关变压器。

还有不同的新型变压器铁芯磁芯材料出现，如坡莫合金和非晶纳米晶材料等，这些材料可兼顾磁导率和涡流损耗。

各种铁芯和磁芯材料见图 1.40。

硅钢片铁芯

电机硅钢片铁芯

铁氧体磁芯

坡莫合金铁芯

坡莫合金铁芯

非晶纳米晶铁芯

图 1.40　各种铁芯和磁芯材料

变压器失效检测方法

　　变压器的损坏常见有线圈烧断开路或内部过热烧坏线圈绝缘造成线圈匝间短路。线圈开路比较好判断，量一下电阻即可，而匝间短路判断起来麻烦一些，因为线圈本身电阻就小，不好通过电阻测试来分辨。

　　一般来说，有内部匝间严重短路的变压器，发热量较大，会将变压器线圈的包覆材料烤焦并有或多或少的焦煳味。这种情况通过观察变压器外观和闻味可以明显分辨出来。

　　有些变压器内部匝间短路，从外观上看不那么明显，经常维修开关电源的朋友可能会有这样的经历，就是甚至更换了开关电源部分除了变压器以外几乎所有怀疑的元件，电源还没有修好，最后才怀疑开关变压器损坏。如果有一种方法一开始就能检测变压器损坏，岂不省事？其实这是完全可以的，检测的仪器还是数字电桥。方法是，将数字电桥置于 10kHz 测试电感损耗 D 值状态，在线测试就可以，不必拆下变压器，电桥信号电压选择 0.3V，测试变压器主绕组线圈的 D 值，正常的变压器 D 值应＜ 0.1，如果 D 值＞ 0.2 则判断变压器损坏。

　　除了开关变压器，数字电桥判断其它类型的变压器是否损坏也是适用的，但要注意选择频率时采用跟变压器实际工作频率接近的频率。

（3）电磁继电器和接触器

　　电磁继电器和接触器（图 1.41）是利用电磁线圈产生的电磁力配合弹簧和机械杠杆来控制触点通断的一类器件。通常继电器有密闭的封装空间，以减少外界不良环境对触点的影响，相对接触器，它所控制的触点电流较小；接触器的触点电流较大。另有干簧继电器（图 1.42），其原理和电磁继电器大同小异，只是触点电流相对更小，触点密封，不受尘埃、潮气及有害气体污染，响应速度和可靠性也大大提高。

图 1.41　电磁继电器和接触器

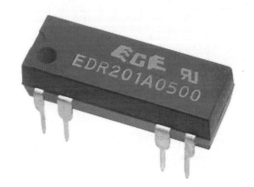

图 1.42　干簧继电器

　　继电器和接触器的常见故障是触点接触电阻大、触点烧死、触点闭合时开路，测试时可以通过给线圈施加额定电压，检测触点的导通和闭合情况，线圈通电和不通电两种情况都要检测。可以使用万用表的欧姆挡测量触点导通时的电阻，如基本接近 0Ω，则无异常，如果 10Ω 以上，则视为故障。如果触点可见，应急维修可将触点的烧蚀氧化部分锉掉，露出金属光泽，继电器或接触器可重新投入使用。为保险起见，建议更换新件为好。

　　继电器线圈通电后，能量传至线圈，吸合衔铁，而断电后，如果不加任何措施，在由通电到断电转换过程中，线圈的电磁能量势必在线圈两端产生很高的自感电动势，会有很高电压，可能损坏其它元件，所以要在线圈上反向并联一个二极管（图 1.43），提供线圈电磁能量的释放回路。在线测试继电器的好坏时，可以根据二极管的方向，给二极管端施加一个反向的线圈额定电压来检测，而不必取下继电器检测。

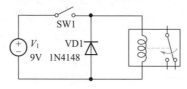

图 1.43　继电器线圈续流二极管

（4）霍尔电流检测器

在变频器和伺服驱动器等大电流的场合，很多电流检测需要用到霍尔传感器，霍尔电流传感器的工作原理是基于霍尔效应。如图 1.44 所示，给一块导电薄片在 x 方向通一定电流，在 z 方向磁场垂直穿过薄片，那么导电薄片内电子在向负极运动过程中受到洛伦兹力作用，便向 $y+$ 方向集聚，使得 $y+$ 方向一端带负电，$y-$ 方向一端带正电，如果将两端电压 V_H 引出测量，其大小与电流 I 及磁感应强度 B 成正比，如果电流 I 恒定，那么 V_H 的大小就直接反映了磁感应强度 B 的大小，所以只要测量 V_H 就可知 B 的大小。

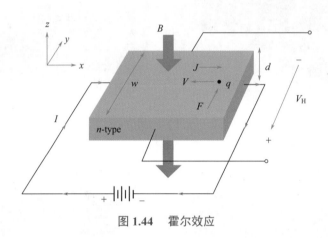

图 1.44　霍尔效应

霍尔电流传感器的原理如图 1.45 所示，穿心导线产生与电流成正比的圆周方向的磁场，该磁场垂直穿过铁芯中间的霍尔传感器，传感器感应的霍尔电压 V_H 与导线被测电流成正比，这样就可以非接触式地测量被测导线电流了。

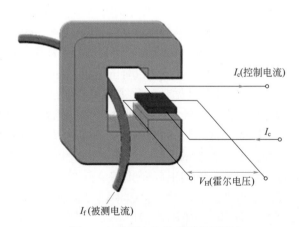

图 1.45　霍尔电流传感器的原理

实际的霍尔传感器及接线如图 1.46 所示，传感器有 3 根线，两根正负电源线，一根电流引出线，电流引出线 M 和 0V 之间接串联取样电阻，流过取样电阻的电流方向和大小与穿过传感器导线电流的大小和方向成正比，所以取样电阻两端的电压大小和正负就反映了导线电流的大小和方向。

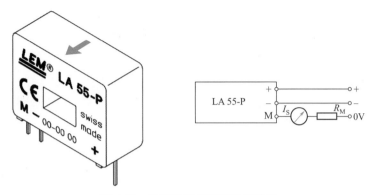

图 1.46　实际的霍尔传感器及接线

霍尔电流传感器的检测方法

电流传感器损坏比较常见，最便捷的测试方法是通电后测试输出端对 0V 的电压，如果穿芯导线没有电流，传感器信号输出端电压应该是 0V，如果测得电压偏移 ±1V 以上，则判断霍尔电流传感器有问题。

某些霍尔传感器是接入单电源的，则对应穿心导线无电流时，信号输出电压为电源电压的一半，例如接入 5V 电压，输出电压为 2.5V。

1.4　保护及滤波元件

电路中用作电流保护的元件有熔断器、自恢复保险丝，用作电压保护的元件有压敏电阻、瞬态电压抑制器（TVS）、齐纳二极管（稳压二极管）。滤波器通常是将若干个电容和电感做在一起，对特定频率的电信号具有通过或阻碍作用。

图 1.47 为各种熔断器的实物图。图 1.47（a）是常见的玻璃保险管，一般配有保险管座，

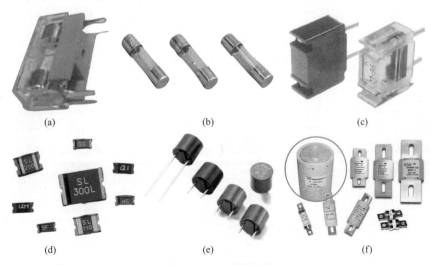

图 1.47　各种熔断器

我们测试带有保险管座的保险时，不应该只是测试保险管金属帽两端是否通断，而要测试保险管座两端是否通断，因为维修中偶有碰到保险管和保险管座接触不良的情况。

熔断器烧断后，不能简单更换了事。除非熔断器确实老化，它的损坏原因必定是电路有过流的情况发生，在过流因素排除之前，不能贸然更换熔断器后就通电。更换熔断器时，除了要注意额定电流外，也要注意额定电压以及熔断速度。虽然理论上熔断器的熔断与电流直接相关，电压似乎不是熔断器需要考虑的因素，但其实熔断器熔断后两端存在电极放电的可能性，放电击穿空气也会继续导电，给电路带来危害，所以应该选择额定电压高于等于实际电压的熔断器。另外替换时也要留意熔断器的熔断速度，快速熔断器用于电流冲击小的电路中，慢速熔断器用在存在一定浪涌电流冲击的电路中。

熔断器是一次性的，熔断后必须更换。自恢复保险丝与熔断器不同，它在通过额定以下电流时呈导通状态，而当通过超出额定的电流时，就会呈现高阻态从而将电路断开，起到保护作用，当过流的情况消失以后，自恢复保险丝又可以恢复到低电阻状态。自恢复保险丝这个特点既可以对电路起保护作用，又可以自保护，方便了电路维修，在工控电路板中应用比较普遍。图 1.48 是自恢复保险丝的各种实物图。

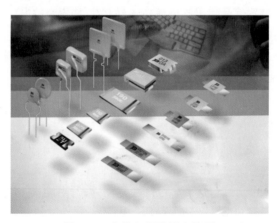

图 1.48　自恢复保险丝实物图

工业电路的电力工作环境比较恶劣，为防止浪涌冲击，往往在电压输入端加有压敏电阻，压敏电阻（图 1.49）是同熔断器一样"风格高尚"的元件，若电压未超出范围，压敏电阻相当于开路，不起作用，一旦电压高出某个范围时，它以纳秒级的速度迅速短路，使得前级空气开关跳闸，或者前级串联的保险断开，使后级失去电压，从而保护了后级电路。通过压敏电阻的损坏情况，我们大致可以分析当时的故障原因。

图 1.49　压敏电阻

瞬态电压抑制器（TVS）（图 1.50）的动作原理同压敏电阻类似，但动作速度更快，相较压敏电阻纳秒（ns）级的速度，TVS 的速度为皮秒（ps）级。TVS 的额定反向关断电压是它在正常状态下能够承受而不会击穿的反向电压，这个电压应该高于被保护电路的正常工作电压，但低于被保护电路的可承受极限电压。

齐纳二极管也叫稳压二极管，当电压高出其电压临界稳定点时，反向击穿，电流增大而电压保持稳定，从而保护了后级电路。

TVS 和稳压二极管常见并联于电源的两端，其动作电压高出电源电压些许，如 24V 电源端使用 30V 的 TVS 或稳压二极管，5V 电源端使用 6.2V 的 TVS 或稳压二极管。

图 1.50　瞬态电压抑制器（TVS）

TVS 或稳压二极管常见的损坏故障是短路。因为并联在电源两端的缘故，确定哪个元件短路可能要查很多元件，但 TVS 或稳压二极管总归概率要大些，所以维修人员碰到上述短路情况后，可以先查 TVS 或稳压二极管。

1.5　光电及显示元件

工控电路板常见的光电及显示器件有 LED、数码管、红外发射及接收器件、显示器、光纤组件、激光元件。

（1）LED（发光二极管）和数码管（图 1.51）

在工控电路板中，各种颜色的 LED 用来指示电路的工作状态，通常，绿色 LED 用来指示电源开启或是机器的正常运行状态，红色 LED 用来指示错误及报警状态。通过观察 LED 的亮灯状态，结合机器操作手册，可以大致清楚机器的故障类型，为维修入手提供依据。发光二极管是极不容易损坏的器件，即使损坏，对电路的正常工作也不会构成实质影响。

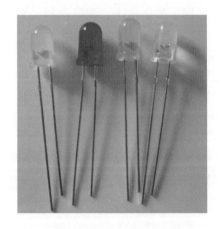

图 1.51　LED 和数码管

因为白光 LED 发光效率高，寿命长，可作为照明用途，近些年来得到很大发展。

数码管也由若干 LED 组成，通过芯片控制不同的发光段组合得到显示的字符或图形。根据发光字段的电源公共端不同，以负极作为公共端的称为共阴型数码管，以正极做公共端的称为共阳型数码管。LED 和数码管可以使用万用表二极管挡驱动点亮，可以通过此方法测试是否损坏。

图 1.52　红外线发射管

（2）红外发射及接收器件

红外线发射管（图 1.52）属于二极管类，正向通电后可以发射某个波长的红外线，并有一定的辐射范围。

红外线接收管（图 1.53）有两种，一种是光电二极管，另一种是光电三极管。光电二极管是在反向电压作用下工作的，没有光照时，反向电流极其微弱，叫暗电流；有光照时，反向电流迅速增大到几十微安，称为光电流。光的强度越大，反向电流也越大。光的变化引起光电二极管电流变化，这就可以把光信号转换成电信号，成为光电传感器件。

光电三极管在将光信号转化为电信号的同时，也把电流放大了。因此，光电三极管也分为两种，分别是 NPN 型和 PNP 型。

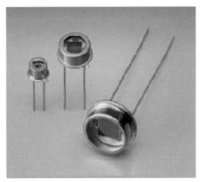

(a) 光电二极管　　　　　　　　　(b) 光电三极管

图 1.53　红外接收管

红外发射及接收器件可以组合成很多应用，如红外线遥控、数据传输、光强检测、安全控制等。

（3）显示器

早期工控行业中的显示器是用 CRT（阴极射线管显示器），现在多使用 LCD（液晶显示器）。CRT 体积较大、笨重，相对耗电及故障率高，但色度还原较 LCD 要好，因此，对显示颜色要求比较苛刻的场合还在使用 CRT 显示器；LCD 体积小、耗电省、相对寿命长、故障率低，在很多显示场合已经取代 CRT 显示器。

CRT 主要由五部分组成：电子枪、偏转线圈、荫罩、荧光粉层及玻璃外壳。它是通过阴极发射电子束轰击荧光屏来发光的，电子束的发射方向由偏转线圈通电后产生的磁场来控制。

CRT 显示器的常见故障有：屏幕无显示、水平一条亮线、垂直一条亮线、屏幕显示模糊、屏幕有消隐线等，这些故障的维修可以参照显像管电视机的维修，早期各类维修书籍中也都有介绍。

LCD 的构造是在两片平行的玻璃当中放置液态的晶体，两片玻璃中间有许多垂直和水平的细小电线，透过通电与否来控制杆状水晶分子改变方向，将光线折射出来产生画面。液晶本身不发光，需要背景光源，所以我们看到的 LCD 都离不开背景灯，有些背景灯使用高压灯管，其原理和日常所见日光灯相同。现在有些 LCD 已经使用 LED 光源做背景灯，做到更加节能并增加可靠性。

典型的 LCD 和控制电路连接图如图 1.54 所示。LCD 包括对比度调节输入电压（有些 LCD 还有亮度调节输入电压）、LED 背景光电压输入（有些使用高压灯管）和控制板连接的数据线。

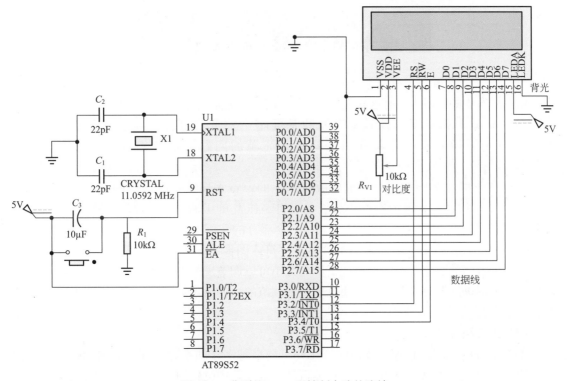

图 1.54　典型的 LCD 和控制电路的连接

工控行业常见的 LCD 液晶屏包括以下几部分：

① 高压板：将主板的 5V 或 12V 电压转换为几百伏以上的高压供灯管使用，现在逐渐转为 LED 背景灯板；

② 灯管：提供显示背景光；

③ 控制电路：负责主机与液晶屏的数据处理；

④ 排线：负责主机与控制电路的数据传递；

⑤ 液晶屏部分：有背光纸（反光用）、光导板、柔光膜、聚光膜（2～3 张），最后（也就是面对的最前面一层）是液晶板。根据液晶屏的档次，这些结构还有些不同。

对于使用高压灯管发光作为背景光的，需要用到高压条和灯管，如图 1.55 所示。如果显示黑屏，大部分是因为高压条和灯管损坏所致。市面上高压条和灯管价格不高，可以采购一些备用，维修时可以通过更换相应部件确认是哪一部分的问题。

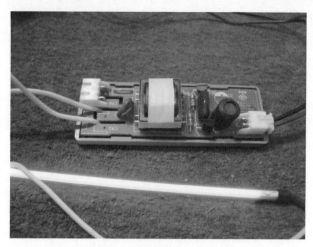

图 1.55　LCD 灯管和高压条

液晶屏产生的故障大致有这样几种：白屏、白斑、花屏、黑屏、屏暗、发黄、显示模糊等。

这些故障中相对而言较容易维修的是屏暗、发黄、白斑。屏暗其实就是灯管老化了，直接更换就行。发黄和白斑均是背光源的问题，更换相应背光片或导光板可解决。

白屏、花屏、黑屏均是由于电路故障产生的。首先应该排除屏线的断裂，然后看电压是否已经加到屏上，再依次检查后级是否有高压及负压输出、主控制芯片是否工作等。有相当一部分花屏是由于行驱动没有工作，少部分的花屏是由于行或列的驱动模块损坏。

显示模糊、若有若无，甚至看不到显示字符或图像，是屏的对比度发生了变化。而对比度与屏上电路的负电压有关，改变负压的大小可以调节屏的对比度。某些屏可以通过相应电路的电位器进行调节，某些屏是通过软件来调节的，如果不能调整，则要从分析负压电路结构入手查找。

（4）光纤组件

工控设备的数据传输使用光纤（图 1.56）越来越多，如在数字伺服和传动系统数据通信中使用 SERCOS 总线，就用光纤来传输数据。另外某些设备的激光束也使用光纤来传输。维修实践中，会碰到光纤折断造成通信失败的情况。

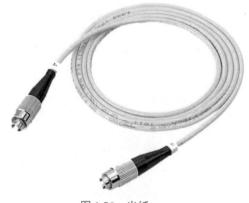

图 1.56　光纤

图 1.57　激光二极管

（5）激光元件

最常见的激光元件是激光二极管（图 1.57），其本质上也是一个半导体二极管，具有二极管的特点。激光二极管常见故障就是老化，测量判断方法如下：

用指针万用表 R×1k 或 R×10k 挡测量其正、反向电阻值。正常时，正向电阻值为 20～40kΩ，反向电阻值为∞（无穷大）。若测得正向电阻值已超过 50kΩ，则说明激光二极管的性能已下降。若测得的正向电阻值大于 90kΩ，则说明该二极管已严重老化，不能再使用了。

1.6 开关、连接器及导线

（1）开关

工业电路板维修会碰到各种开关器件（图 1.58），开关也会损坏，维修时可以使用万用表通断挡测试开关是否正常。

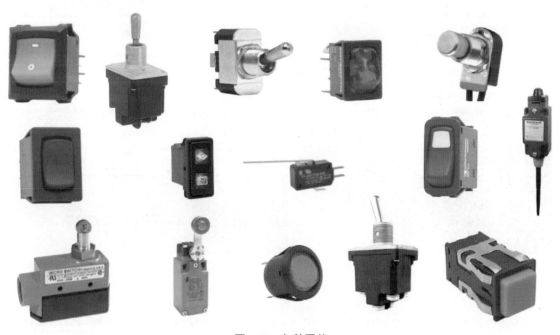

图 1.58　各种开关

（2）连接器

在设备维修过程中，各种接触问题引发的故障并不少见。设备工作环境及人为因素容易造成此类故障，导致各种接触不良。故障虽然容易解决，但维修人员也常常出现误判情况。如有出现设备时好时坏情况，不妨对怀疑部分的接线仔细检查，插拔紧固连接线端子，也许问题马上解决，不用"大动干戈"，扩大怀疑对象。各种连接器见图 1.59。

工控电路板，有些会使用图 1.60 所示的插接电路板，设备使用日久，接触点积尘、氧化等会造成接触不良，维修时，可以使用橡皮擦擦去接触面的脏污，就有可能解决问题。还有可能插槽接触簧片弹力不够，这时候需要更换插槽座子，也许就可以解决问题。

图 1.59　各种连接器

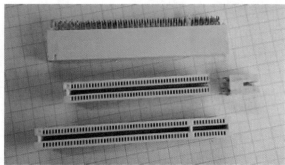

图 1.60　插接电路板及插槽

（3）导线

工控维修有时候会涉及更换导线问题，需留意不同电流情况下要选用不同线规的导线。表 1.4 是 AWG（美国线规）与电流对照表，可估算电流大小参照此表选用合适的导线。

表 1.4　AWG（美国线规）与电流对照表

AWG	外径		截面积	电阻值	正常电流	最大电流
	公制 /mm	英制 /inch	/mm^2	/（Ω/km）	/A	/A
0000	11.68	0.46	107.22	0.17	423.2	482.6
000	10.4	0.4096	85.01	0.21	335.5	382.3
00	9.27	0.3648	67.43	0.26	266.2	303.5
0	8.25	0.3249	53.49	0.33	211.1	240.7

续表

AWG	外径		截面积	电阻值	正常电流	最大电流
	公制 /mm	英制 /inch	/mm²	/ (Ω/km)	/A	/A
1	7.35	0.2893	42.41	0.42	167.4	190.9
2	6.54	0.2576	33.62	0.53	132.7	151.3
3	5.83	0.2294	36.67	0.66	105.2	120.0
4	5.19	0.2043	21.15	0.84	83.5	95.2
5	4.62	0.1819	16.77	1.06	66.2	75.5
6	4.11	0.162	13.3	1.33	52.5	59.9
7	3.67	0.1443	10.55	1.68	41.6	47.5
8	3.26	0.1285	8.37	2.11	33.0	37.7
9	2.91	0.1144	6.63	2.67	26.2	29.8
10	2.59	0.1019	5.26	2.36	20.8	23.7
11	2.30	0.0907	4.17	4.24	16.5	18.8
12	2.05	0.0808	3.332	5.31	13.1	14.9
13	1.82	0.0720	2.627	6.69	10.4	11.8
14	1.63	0.0641	2.075	8.45	8.2	9.4
15	1.45	0.0571	1.646	10.6	6.5	7.4
16	1.29	0.0508	1.318	13.5	5.2	5.9
17	1.15	0.0453	1.026	16.3	4.1	4.7
18	1.02	0.0403	0.8107	21.4	3.2	3.7
19	0.912	0.0359	0.5667	26.9	2.6	2.9
20	0.813	0.0320	0.5189	33.9	2.0	2.3
21	0.724	0.0285	0.4116	42.7	1.6	1.9
22	0.643	0.0253	0.3247	54.3	1.280	1.460
23	0.574	0.0226	0.2588	48.5	1.022	1.165
24	0.511	0.0201	0.2047	89.4	0.808	0.921
25	0.44	0.0179	0.1624	79.6	0.641	0.731
26	0.404	0.0159	0.1281	143	0.506	0.577
27	0.361	0.0142	0.1021	128	0.403	0.460
28	0.32	0.0126	0.0804	227	0.318	0.362
29	0.287	0.0113	0.0647	289	0.255	0.291
30	0.254	0.01	0.0507	361	0.200	0.228
31	0.226	0.0089	0.0401	321	0.158	0.181
32	0.203	0.008	0.0316	583	0.128	0.146
33	0.18	0.0071	0.0255	944	0.101	0.115
34	0.16	0.0063	0.0201	956	0.079	0.091

续表

AWG	外径		截面积	电阻值	正常电流	最大电流
	公制 /mm	英制 /inch	/mm²	/ (Ω/km)	/A	/A
35	0.142	0.0056	0.0169	1200	0.063	0.072
36	0.127	0.005	0.0127	1530	0.050	0.057
37	0.114	0.0045	0.0098	1377	0.041	0.046
38	0.102	0.004	0.0081	2400	0.032	0.036
39	0.089	0.0035	0.0062	2100	0.025	0.028
40	0.079	0.0031	0.0049	4080	0.019	0.022
41	0.071	0.0028	0.004	3685	0.016	0.018
42	0.064	0.0025	0.0032	6300	0.013	0.014
43	0.056	0.0022	0.0025	5544	0.010	0.011
44	0.051	0.002	0.002	10200	0.008	0.009
45	0.046	0.0018	0.0016	9180	0.006	0.007
46	0.041	0.0016	0.0013	16300	0.005	0.006

1.7 二极管、三极管、场效应管、可控硅

（1）二极管

图 1.61 是常见各类插件封装及贴片封装的二极管，两个引脚以上的贴片有些是多个二极管的一体封装形式，并做成类似排阻形式的二极管阵列。

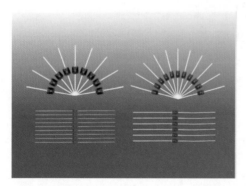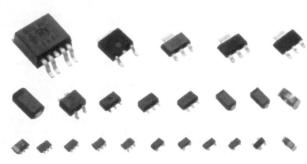

图 1.61　各种封装的二极管

二极管的基本特性就是单向导电性。检修测量时通过两个方向的截止和导通情况来判断是否损坏。二极管的主要参数有反向电压、持续正向电流、正向导通电压、耗散功率和反向恢复时间（决定适用工作频率）。不同型号的二极管，维修替换时要全面考虑这些参数，用于替换的元件参数须与原件参数相同或高出原件。

二极管一般不用从电路板上拆下，可以直接测试好坏。可以使用数字万用表二极管挡测试正向导通压降（图 1.62），普通二极管在 0.4 ～ 0.8V 之间；稳压二极管可以在 0.7 ～ 1.1V

之间。肖特基二极管的正向导通压降比较小，可以低至 0.2V，肖特基二极管可以通过的电流比较大，选择替换型号时须要引起注意，不要使用普通二极管代换。

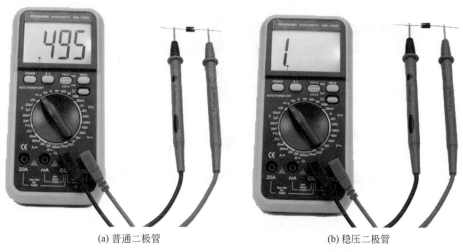

(a) 普通二极管　　　　　　　　　　　　　　　(b) 稳压二极管

图 1.62　数字万用表测试二极管正向导通压降

　　二极管具有单向导电性，一般在线测试时，万用表调换表笔测试，显示的电压降会有明显差异，但是因为线路上还有其它元件和二极管并联的原因，有时候正反向测试电压降差别并不明显，这时候可以使用指针万用表的 ×1Ω 挡测试（图 1.63），就比较明显了。正向测试时，万用表指针偏转明显，反向测试时，万用表指针就不会偏转或偏转非常小。

选用此挡在线测试二极管

图 1.63　指针万用表在线测二极管

　　维修时，有时候会碰到二极管标记不清晰，搞不清楚二极管型号的情况，这时候需要对二极管的反向耐压进行测试，测试可以使用耐压测试仪 (图 1.64)。专业的耐压测试仪可以设置输出电流大小，测试在此电流情况下，元器件可以施加的电压。二极管的反向耐压、稳压二极管的稳压值以及三极管、场效应管、IGBT 模块等都可以使用耐压测试仪进行测试。

图 1.64　耐压测试仪

（2）三极管

图 1.65 是各种三极管的实物图。三极管是电流控制型半导体器件，是通过基极的小电流来控制集电极相对大电流的元件。三极管有三个工作状态：截止状态、放大状态和饱和状态。因为运算放大器的广泛使用，工控电路板中，把三极管用作模拟放大的电路已不多见，三极管的最常见用法是使用它的饱和截止状态做开关驱动。

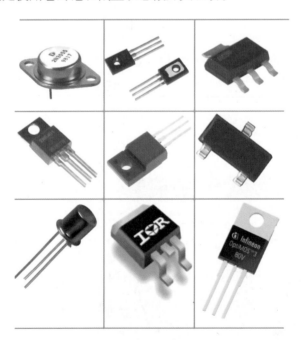

图 1.65　各种三极管的实物图

三极管的参数介绍如下。

① 电流放大倍数 β

三极管处于放大区时，集电极电流和基极电流的比值叫作放大倍数 β。一般小功率的三

极管 β 值在 30 ～ 100 之间，大功率的管子的 β 值较低，在 10 ～ 30 之间。三极管的 β 值过小时，放大能力就小，但是 β 值过大时，稳定性会差。手册上常用 h_{FE} 表示 β 值。

② 穿透电流 I_{CEO}

穿透电流是衡量一个管子好坏的重要指标，穿透电流大，三极管电流中非受控成分大，管子性能差。穿透电流受温度影响大，温度上升，穿透电流增大很快。

③ 极限参数

a. 最大集电极允许电流 I_{CM}

I_{CM} 是指三极管的参数变化不允许超过允许值时的最大集电极电流。当电流超过 I_{CM} 时，管子的性能显著下降，集电结温度上升，甚至烧坏管子。

b. 反向击穿电压 $U_{(BR)CEO}$

一般三极管基极开路时，允许加到 C-E 极间的最大电压为几十伏，高反压的管子的反向击穿电压达到上千伏。

c. 集电极最大允许功耗 P_{CM}

三极管工作时，消耗的功率 $P_C = I_C U_{CE}$，三极管的功耗增加会使集电结的温度上升，过高的温度会损害三极管。因此，$I_C U_{CE}$ 不能超过 P_{CM}。小功率管子的 P_{CM} 为几十毫瓦，大功率管子的 P_{CM} 可达几百瓦以上。

d. 特征频率 f_T

由于极间电容的影响，频率增加时管子的电流放大倍数下降，f_T 是三极管的 β 值下降到 1 时的频率。高频率三极管的特征频率可达 1000MHz。

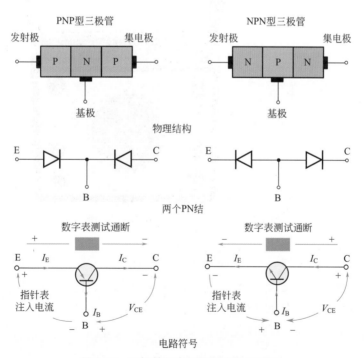

图 1.66 三极管的在线测试方法示意图

三极管的在线测量：

从工控维修效率的角度，维修人员须掌握不从电路板上拆下三极管就可判断其好坏的技术。

维修的前提，是第一时间弄清楚要测试的三极管是 NPN 型还是 PNP 型以及各个 B、C、E 引脚。如图 1.66 所示，三极管有两个 PN 结，即集电结和发射结，测试时与二极管相同，指针万用表使用欧姆挡、数字万用表使用二极管挡测正反向通断，据此可以判断三极管 PN 结是否开路或短路。然后可以从三极管的发射结（即基极和发射极之间）注入电流，注入电流的方法可以使用指针万用表的欧姆挡的 ×10Ω 挡（如果三极管功率比较大，可以选择 ×1Ω 挡），对 NPN 型三极管，指针表黑表笔接基极，红表笔接发射极，电流从基极流入，发射极流出，同时使用数字表二极管挡红表笔接集电极，黑表笔接发射极，监测集电极到发射极的受控导通情况，如果能够正常控制导通，说明三极管是好的。

如果三极管方便拆焊，拆下后也可以使用指针万用表的三极管测试功能来测量三极管。如图 1.67 所示，将指针表置于 h_{FE} 挡位，三极管各引脚插入对应的插孔，指针表显示放大倍数，在合适的刻度内，则三极管没有问题，如果表针偏转太小或者不偏转，或者偏转超出 h_{FE} 的刻度范围，则三极管损坏。

可测试三极管是否有问题

图 1.67　指针万用表的三极管测试功能

（3）场效应管

场效应管（FET）的外观封装和三极管差不多。场效应管属于电压控制电流型半导体器件，即通过控制栅极和源极电压大小来控制漏极和源极的导通情况，场效应管的栅极输入阻抗非常高。场效应管的分类如图 1.68 所示。

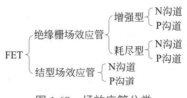

图 1.68　场效应管分类

工业电路板维修以 N 沟道的增强型场效应管 MOSFET 最为常见，其内部结构参见图 1.69。如果在 G、S 之间无电压，S、D 之间相当于两个反接的二极管，处于截止状态；如果在 G、S 之间加上正电压，P 区电子将会被吸引，在 D、S 之间形成导电层成导通状态，导通程度视乎 G、S 电压大小。

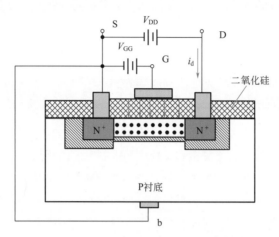

图 1.69　N 沟道的 MOSFET 内部结构

对应不同场合，MOSFET 又分为 P 沟道和 N 沟道两种类型，分别对应三极管的 PNP 型和 NPN 型。如果作为开关使用，N 沟道场效应管和 NPN 型三极管相当于接在电源负极的开关，而 P 沟道场效应管和 PNP 型三极管相当于接在电源正极的开关。MOSFET 和三极管类型比较见图 1.70。

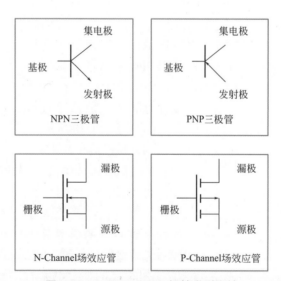

图 1.70　MOSFET 和三极管类型比较

还有一类场效应管叫结型场效应管，如图 1.71 所示。这类场效应管平时 D、S 处于导通状态，需要在 G、S 之间加负压来减小 D、S 之间的导通程度。此类元件在音响电路等模拟电路部分应用比较常见。

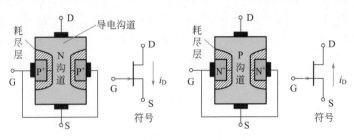

图 1.71 结型场效应管内部结构

维修时需要关注的几个场效应管的主要参数

V_{DSS}（漏 – 源电压），场效应管工作时，漏极 – 源极之间的电压应低于此电压；

V_{GS}（栅极 – 源极电压），在栅极和源极所加控制电压的极限；

I_D（漏极持续电流），场效应管导通时，漏极能持续通过的最大电流；

$R_{DS(ON)}$（漏 – 源通态电阻），当漏极和源极导通后，它们之间的电阻值；

$V_{GS(TO)}$ 栅 – 源阈值电压，即要使场效应管导通，应加在栅极和源极之间的最小电压。

场效应管的栅极、源极、漏极相当于三极管的基极、发射极、集电极，测量是否有受控导通能力，可以在栅极和源极之间加上电压（根据其性能不同，一般可在 4 ～ 10V），同时测试源极和漏极的导通能力。因为场效应管的栅极输入阻抗非常高，在栅 - 源之间加上电压后，栅极和源极之间的结电容得以充电，如果此时断开电路，没有放电回路，栅 - 源之间的电压会一直保持，漏极和源极就会一直导通。以数字万用表为例，测试时可以万用表置于二极管测试挡位（选择合适万用表，保证二极管挡有 4V 以上悬空电压），用红表笔和黑表笔在栅极和源极之间接触一下（对 N 沟道场效应管，红表笔接栅极，黑表笔接源极；P 沟道场效应管则红表笔接源极，黑表笔接栅极），然后再量 D、S 之间的导通情况，可以用二极管挡量，也可以用电阻挡量，测量 D、S 是否导通，不必在意万用表表笔的极性，但应注意有些场效应管内部 D、S 之间有反向并联续流保护二极管，要注意区分二极管导通和 D、S 导通的区别，D、S 导通时几乎没有电压降。

（4）可控硅

可控硅也称晶闸管，也是电流型控制半导体器件。可控硅分为单向可控硅和双向可控硅。单向可控硅控制极 G 和阴极 K 之间的电阻比较小，通过施加控制极 G 和阴极 K 之间的正向电流来控制阳极 A 和阴极 K 之间的导通。可控硅的特点是"一触即发"，在 G 和 K 之间加上电流后，A 和 K 导通，即使去除 G 和 K 之间的电流，阳极和阴极也会维持导通，如果要关断 A 和 K，就要减小 A、K 之间的回路电流，使得该电流小于维持电流才行。其原理就像图 1.72 所示的可控硅等效电路。

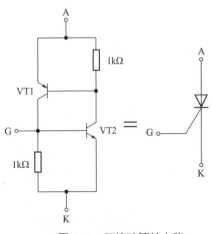

图 1.72 可控硅等效电路

双向可控硅被认为是一对反并联连接的普通可控硅的集成，工作原理与普通单向可控硅相同。图 1.73 为双向可控硅的基本结构及其等效电路，它有两个主电极 T1（或标 A1）和 T2（或标 A2），一个控制极 G，控制极使器件在主电极的正反两个方向均可触发导通。

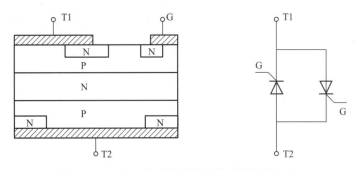

图 1.73　双向可控硅的基本结构及其等效电路

双向可控硅有所谓 4 象限触发导通特性，如图 1.74 所示，控制极 G 对 A1 之间无论是正脉冲还是负脉冲，无论是主电极电压 A1 高于 A2 还是 A2 高于 A1（当然不能为 0），都可以使 A1、A2 之间导通。

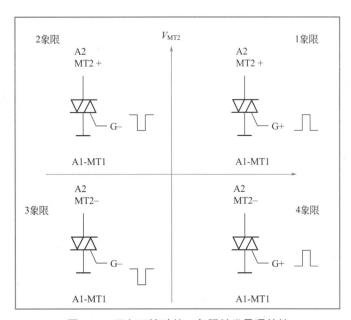

图 1.74　双向可控硅的 4 象限触发导通特性

可控硅的测试

　　单向可控硅可以使用指针表 x1Ω 挡在 G、K 之间施加一个正向电流，同时使用数字万用表二极管挡，红表笔接 A，黑表笔接 K，观察导通情况。或者使用另一块指针表 x10kΩ 挡，黑表笔接 A，红表笔接 K，同时观察触发导通情况。

　　双向可控硅也使用指针表 x1Ω 挡在 G 与 A1（T1）之间施加电流，不必在意表笔方向，另一指针表使用 x10kΩ 挡测试导通情况，也不必在意表笔方向。

小贴片二极管、三极管、场效应管或集成电路，会在表面印上代码，要弄清楚元件具体信息，必须先查询代码对应的元件名称，再去网上下载元件的数据手册。怎样快速确定代码和元件型号的对应关系？最便捷的方法就是在淘宝网站输入"丝印XX+封装"，可以快速浏览商家列出的宝贝型号。例如输入"丝印A6 sot23"，根据商家列出的宝贝型号可知此元件是贴片二极管BAS16，再可以网上查询BAS16的数据手册。

1.8 IGBT 和 IPM

IGBT（Insulated Gate Bipolar Transistor，绝缘栅双极型晶体管）（图1.75），可看作是前级MOSFET和后级大功率三极管（GTR）的组合，兼有MOSFET的高输入阻抗和GTR的可通过大电流的优点。GTR饱和压降低，载流密度大，但驱动电流较大；MOSFET驱动功率小，开关速度快，但导通压降大，载流密度小。IGBT综合了以上两种器件的优点，驱动功率小而饱和压降低，在工控行业的变频器、伺服驱动器、大功率电源、逆变器等设备中已经广泛应用。

图 1.75　IGBT

根据应用需要，IGBT可以单个，也可以多个做成一体。常见的是两个做成一体或6个做成一体，便于组成直流电机或三相电机的驱动电路。

如图1.76所示是一个典型的IGBT模块的内部电路，此模块包括了6个三相桥式整流

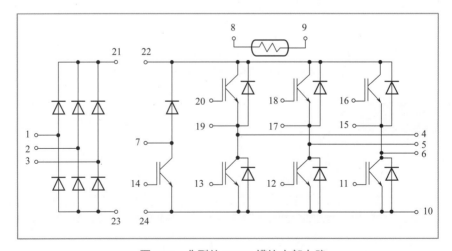

图 1.76　典型的 IGBT 模块内部电路

二极管，上桥臂三个 IGBT 驱动管，下桥臂三个 IGBT 驱动管，每个 IGBT 的 C、E 极都并联一个续流二极管，给制动减速时电机线圈产生的高压提供回馈通路。模块还内置一个制动 IGBT，用于迅速泄放能量。内置一个热敏电阻，监测模块内部温度。

IGBT 的测量按照 MOSFET 的测量方法即可。对 IGBT 模块的测量，对内部元件可单个测量，每个都测试通过即可。IGBT 的耐压测试可使用耐压测试仪或带耐压测试功能的晶体管测试仪。

 注意

IGBT 模块是价格相对较高的电子元件，市面上有不少拆机模块，价格相对全新模块较低，性能测试也都符合要求，维修中使用这些拆机模块也无可厚非，但有不良商家偷梁换柱，将电流值低一档但外观一致的模块经过重新打磨贴标，冒充高一档电流的模块出售，这些模块工作在其额定电流内一般也不会出现问题，一旦电流高出额定值，往往造成炸机后果。笔者亲遇此情形数次，每每怀疑自己的维修技术水平。其实可有一法检定模块的额定电流水平，即测 IGBT 的栅极 G 对发射极 E 的结电容，电容量大则电流大，所以只要将购入模块和损坏模块的 G、E 结电容比较一下就可判断模块有无猫腻。

IPM（Intelligent Power Module）即智能功率模块，内部不仅包含了电子开关和功率驱动部分电路，还集成了欠压、过流、过热等保护电路。

图 1.77 是 IPM 模块 PM30RSF060 的内部结构图，从图中可以看出，在 IPM 的每一个 IGBT 管子（包括制动的 IGBT）的前级都设有驱动及保护电路，每一组电路的接入引脚都包括电源引脚、信号输入引脚和报警输出引脚，每当模块有欠压、过流、过热情形发生，异常报警信号 Fo 便有效输出，这个信号可以用来关断驱动信号的输入，从而起到保护作用。

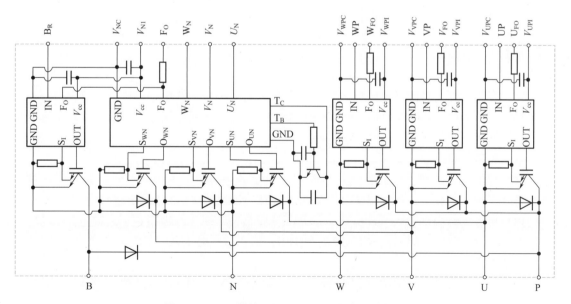

图 1.77 IPM 模块 PM30RSF060 的内部结构图

IPM 与以往 IGBT 模块及驱动电路的组件相比具有如下特点。

① 内含驱动电路。设定了最佳的 IGBT 驱动条件，驱动电路与 IGBT 间的距离很短，输出阻抗很低，因此，不需要加反向偏压。所需电源为下桥臂 1 组，上桥臂 3 组，共 4 组。

② 内含过电流保护（OC）、短路保护（SC）。由于是通过检测各 IGBT 集电极电流实现保护的，故不管哪个 IGBT 发生异常，都能保护，特别是下桥臂短路和对地短路的保护。

③ 内含驱动电源欠电压保护（UV）。每个驱动电路都具有 UV 保护功能。当驱动电源电压小于规定值时，产生欠电压保护。

④ 内含过热保护（OH）。OH 是防止 IGBT、FRD（快恢复二极管）过热的保护功能。对于芯片的异常发热能高速实现 OH 保护。

⑤ 内含报警输出（Fo）。Fo 是向外部输出故障报警的一种功能，当 OH 及下桥臂 OC、Tjoh、UV 保护动作时，通过向控制 IPM 的微机输出异常信号停止系统。

⑥ 内含制动电路。和逆变桥一样，内含 IGBT、FRD、驱动电路、保护电路，加上电能释放电阻可构成制动电路。

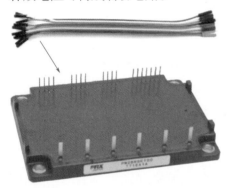

图 1.78　使用杜邦线测试 IPM 模块

IPM 智能模块内部元件牵连较多，除非明显的 IGBT 短路损坏，不太容易判断好坏。测试功能可以分别针对独立的单元，因为上端桥臂 3 路驱动电源独立，下端桥臂 3 路驱动电源共用，可以分 4 次接入电源，方法是使用一端公头一端母头的杜邦线，将母头插入 IPM 控制脚的插针，然后在公头一端接电源和控制信号（图 1.78），使用万用表测试模块内部对应的 U、V、W 与 P、N 脚的导通情况。但是这种方法只能测试模块内部单元能否控制导通和截止，模块内部特性不好，过流、过压、温度保护电路问题并不能测试到。

1.9　集成电路

为了方便起见，我们将集成电路大致分为数字逻辑芯片、处理器芯片、模数转换器和数模转换器、光电耦合器、存储器、运算放大器、线性稳压电源芯片、厚膜电路等几个部分加以介绍。

（1）数字逻辑芯片

数字逻辑芯片是个大家族。从整体上看，数字电路可以分为组合逻辑电路和时序逻辑电路两大类。按制成工艺及材料又可以分为 TTL 数字逻辑电路和 CMOS 逻辑电路。

TTL 集成电路内部输入级和输出级都是晶体管结构，属于双极型数字集成电路。

① 74 系列　这是早期的产品，现仍在使用，但正逐渐被淘汰。

② 74H 系列　这是 74 系列的改进型，属于高速 TTL 产品。其"与非门"的平均传输时间达 10ns 左右　但电路的静态功耗较大，目前该系列产品使用越来越少，逐渐被淘汰。

③ 74S 系列　这是 TTL 的高速型肖特基系列。在该系列中采用了抗饱和肖特基二极管，

速度较高，但品种较少。

④ 74LS 系列　这是当前 TTL 类型中的主要产品系列。品种和生产厂家都非常多。性价比较高，目前在中小规模电路中应用非常普遍。

⑤ 74ALS 系列　这是"先进的低功耗肖特基"系列。属于 74LS 系列的后继产品，速度（典型值为 4ns）、功耗（典型值为 1mW）等方面都有较大的改进，但价格比较高。

⑥ 74AS 系列　这是 74S 系列的后继产品，尤其速度（典型值为 1.5ns）有显著的提高，又称"先进超高速肖特基"系列。

CMOS 数字集成电路是利用 NMOS 管和 PMOS 管巧妙组合成的电路，属于一种微功耗的数字集成电路。

① 标准型 4000B/4500B 系列　该系列是以美国 RCA 公司的 CD4000B 系列和 CD4500B 系列制定的，与美国 Motorola 公司的 MC14000B 系列和 MC14500B 系列产品完全兼容。该系列产品的最大特点是工作电源电压范围宽（3 ～ 18V）、功耗最小、速度较低、品种多、价格低廉，是目前 CMOS 集成电路的主要应用产品。

② 74HC 系列　54/74HC 系列是高速 CMOS 标准逻辑电路系列，具有与 74LS 系列同等的工作度和 CMOS 集成电路固有的低功耗及电源电压范围宽等特点。74HCxxx 是 74LSxxx 同序号的翻版，型号最后几位数字相同，表示电路的逻辑功能、引脚排列完全兼容，为用 74HC 替代 74LS 提供了方便。

③ 74AC 系列　该系列又称"先进的 CMOS 集成电路"，54/74AC 系列具有与 74AS 系列等同的工作速度和与 CMOS 集成电路固有的低功耗及电源电压范围宽等特点。

逻辑芯片的失效检测

图 1.79 是 TTL 和 CMOS 两种类型半导体与非门电路的内部结构，从结构来看，芯片损坏可能性最大的是输出端对地或电源端短路，因为输出端带上负载，内部晶体管相对发热和冲击要比其它部分大，通常损坏就体现为输出端对地或对电源端阻值变小。而输入端的损坏概率相应地要小得多，最有可能是高压静电冲击，这也会造成输入端对地或对电源端的阻值减小。

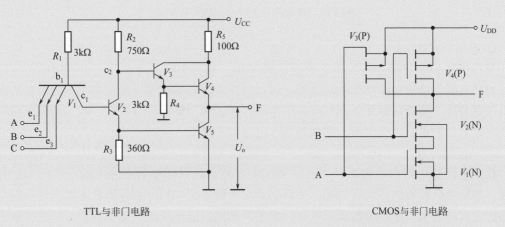

图 1.79　两种类型半导体与非门电路的内部结构

根据以上规律，总结一下针对数字逻辑芯片检测的方法。

① 电阻扫描法

大部分芯片的损坏体现为芯片的输入输出引脚对地或电源短路，这是比较方便定位的

图 1.80　万用表短路测试功能

故障。操作方法是，使用万用表通断蜂鸣器挡，如图 1.80 所示。先定位黑表笔接地 GND，使用红表笔去扫描触碰其它引脚，当蜂鸣器响起，观察蜂鸣器挡万用表显示的阻值，如果阻值小于 1Ω，说明此引脚在 PCB 上就是和地连在一起的，此时显示的只是表笔电阻和表笔与万用表的接触电阻之和，这种情况可以不必在意；如果阻值为 1Ω 以上（根据经验统计，大多数情况在 $1\sim20\Omega$ 之间），说明相应节点可能对地短路，和此节点相连的元件都有短路嫌疑，可以就此入手继续查找短路元件。然后红表笔固定接电源 V_{cc}，使用黑表笔再扫描一遍引脚。

以上方法可以排除大部分的数字电路芯片的故障。

绝大多数数字逻辑芯片的电源引脚安排都有一个规律，即第一排引脚的最后一脚是 GND，第二排引脚的最后一脚是 V_{cc}，如图 1.81 所示。因此在检修测试的时候找电源脚可以根据这个规律来入手。

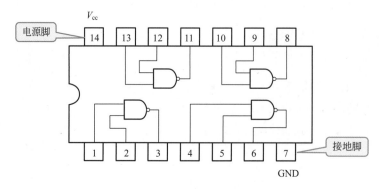

图 1.81　数字逻辑芯片的电源引脚规律

② 电平测试法

某些电路板上只是一些简单的组合逻辑芯片，如与非门、或非门之类，这些芯片除了可以通过电阻扫描法初步排除故障以外，还可以在通电后测试输入输出电平，判断是否符合逻辑关系来进一步确认好坏。例如与非门电路，测试两个输入信号一低一高，则输出信号肯定是高电平，如果测到低电平，那么此与非门肯定是坏的。

③ 功能测试法

数字电路输入组合有很多种，通电测试大多数情况只能检测某一个输入状态，这并不全面，如果要全面测试，就需要把芯片数据手册真值表全部列出的逻辑状态都验证一遍。方法是把芯片拆下来，使用编程器或者专门的芯片测试仪进行测试。某些编程器的软件选项里有对数字电路的测试，比如测试 74 系列、40 系列、45 系列都是标配，甚至还有部分 RAM 芯片的测试功能。如图 1.82 所示，某编程器软件界面有逻辑芯片测试选项。

图 1.82 编程器的逻辑芯片测试选项

如果电路板上是双列直插的逻辑芯片，也可以不拆下芯片而使用在线测试仪夹住芯片进行测试。如图 1.83 所示，测试仪会自动给芯片加电，在芯片输入端发送测试代码，在输出端检测输出结果，并最终判断芯片是否符合逻辑功能。但是因为在线芯片和其它元件相连，会影响测试结果。如果显示与正常值不符，可能是其它元件的干扰，这时就必须拆下芯片单独测试。另外随着芯片大量采用贴片封装以及电路板上涂有绝缘漆，在线测试也越来越不好操作，还是离线功能测试比较靠谱，但是离线测试又需要拆下芯片，这会增加工作量，甚至还会因为拆焊问题带来二次故障。

图 1.83 使用在线测试仪测试芯片

④ 对比法

虽然使用电阻扫描法能够检查出大部分逻辑芯片的问题，但还是会有一部分芯片成为"漏网之鱼"。这些芯片某个引脚对 GND 或 V_{cc} 短路不明显，使用万用表通断挡也测试不出来，但还是有漏电。有时候即使取下芯片进行功能测试也不能证明芯片完全没有问题，因为测试的条件没有完全模拟芯片的实际工作情况，例如芯片的驱动能力、芯片的速度响应等。这时候如果有条件使用对比法就比较合适。

对比法包括电阻值对比和 VI 曲线对比。对比的对象可以是相同电路板相同位置的芯片引脚，也可以是一块电路板上的相同电路部分，甚至可以是一颗芯片相同地位的引脚。

电阻值对比宜使用指针表，这可以避免数字表测试 CMOS 芯片的高阻抗引脚时，显示值飘忽不定，而且指针表指针对比直观，显示快速。对比时应选择合适的电阻挡位，指针太偏左太偏右都不宜，以指针靠近中间位置为佳，如果对比某个节点可以看出明显差异，就可以从该节点处进一步寻找原因。

VI 曲线对比有着更大的优势，尤其可以选择曲线扫描方式，曲线能够非常直观地显示差异。

数字逻辑芯片的代换

从电压范围、芯片速度和驱动能力三个方面来考虑，代换的芯片应与换下来的芯片具有相同或更宽的电压范围、相同或更快的速度、相同或更高的驱动能力。

（2）处理器芯片

工控主板的处理器同通用电脑主板的处理器差别不大，某些环境严酷的场合可能会采用耐高温的工业级处理器。工业上见到最多的是使用各种微处理器，即所谓的单片机的电路板。但凡使用处理器的场合，一定离不开满足正常工作条件的三个基本要素：正常的工作电源、正常的时钟 / 晶振信号、正常的复位过程。检修包含处理器的电路板时可以根据这个规律来入手。

随着技术的发展，微处理器的设计也包含了越来越多的功能，比如有些处理器包含程序存储器，有些包含 ADC 和 DAC，有些包含模拟量增益放大器，有的包含特别的通信处理单元。在检修这些处理器电路板时，要根据数据手册提供的信息来考虑。

工控电路板上的 CPU 是否损坏可以通过更换来判断。

电路板微处理器的损坏极少见，除非受到高电压的冲击。

检测微处理器有没有损坏的办法，直观一点就是通过电阻扫描法排除短路可能性后给故障电路板通电，使程序"跑起来"，但凡系统有指示灯闪烁、有字符显示，有各种各样的报警，说明处理器和系统程序基本正常，"大脑"尚存活力，能让灯闪烁，让字符显示，能报警"说出"哪儿有毛病，碰到这种情况就不要在处理器上或程序上纠结。如果通电后电路板一点反应没有，就可以按照满足处理器正常工作的三个必要条件来查找原因，即查电源、时钟 / 晶振、复位。

有些板子程序虽然跑起来了，但也没有指示灯、显示器及报警信息，这种情况可以使用示波器来测量处理器各个引脚是否有波形，只要测得数个引脚有波形输出，则可以认为程序已经跑起来了。

有些带处理器的板子，它的处理器在系统中并不是独立工作的，程序和电路中设置了"激活"以及"通信"的机制，单独给板子通电也并不能让程序跑起来。这样的情况下，可以采用引脚对地电阻值测试法来测试，只要是某些不接地的引脚对地阻值不是低得离谱，基本认为处理器就是好的。

不包含程序的处理器损坏后换新即可，包含程序的处理器就不能简单地换新，新的没有程序，换新也没法用。可行的办法是：找到一块相同的报废电路板，如果上面有相同程序的处理器，可以将这个处理器拆下更换到处理器损坏的电路板上。如果找不到带相同程序的处理器芯片，则只能放弃维修了。或有人想到复制处理器内的程序，但为保护知识产权，实际上大部分的处理器程序是经过加密处理的，复制的难度相当高，国内有所谓的芯片"逆向工程""单片机解密服务"，或许可以达到复制的目的，其费用还不菲，但是因维修而复制，是否具有经济性，就具体而论了。

（3）模数转换器和数模转换器

模数转换器（ADC）数字量输出的方式有多种，有并行输出、串行输出及 V-F（电压 - 频率）转换输出的方式，有些还有多个模拟通道。数模转换器（DAC）也有数据并行输入、串行输入及 F-V（频率 - 电压）转换的方式，某些类型也有多个模拟通道。ADC 和 DAC 也都是难得碰到一坏的器件，对其检修时重点关注一下电源及参考电压是否正常即可，必要时使用代换法验证好坏。

（4）光电耦合器

光电耦合器一般由三部分组成：光的发射、光的接收及信号放大。输入的电信号驱动发光二极管（LED），使之发出一定波长的光，被光探测器接收而产生光电流，再经过进一步放大后输出。这就完成了电 - 光 - 电的转换，从而起到输入、输出、隔离的作用。由于光耦合器输入输出间互相隔离，电信号传输具有单向性等特点，因而具有良好的电绝缘能力和抗干扰能力。又由于光耦合器的输入端属于电流型工作的低阻元件，因而具有很强的共模抑制能力。

光电耦合器可实现电气隔离情况下的信号传输，在工业电路板上使用甚广，常用于门极驱动、电流电压检测、数据传输、开关电源等。因为作为隔离器件的光耦通常有一个隔离端与高电压部分电气相连，加之光耦内的 LED 通电日久也存在老化现象，所以光耦是损坏率比较高的器件，在工控电路板上的检修中是经常见到的。

工业电路板中比较常见的光耦及其测试方法介绍如下。

① 非线性光耦

非线性光耦主要有 4N25、4N35、4N26、4N36。

此类光耦只做普通的数字信号隔离传输使用，可以在线测试好坏，方法是使用指针万用表 ×10Ω 挡给光耦内部 LED 施加电流，用数字万用表二极管挡测试输出端导通情况，如果 LED 无电流时输出不导通，LED 有电流时输出导通，说明光耦是好的。如图 1.84 所示。在线测试光耦，因为光耦 LED 端有可能并联其它元件，可能施加的电流会被其它元件分流一部分，导致输入光耦 LED 的电流不够，造成输出端无法驱动的情况，这时候可将指针表挡位换成 ×1Ω，此挡位可以提供更大电流，如果还是不能驱动，可以设法将光耦的一个输入脚焊锡熔化翘起脱离 PCB，然后再施加电流。

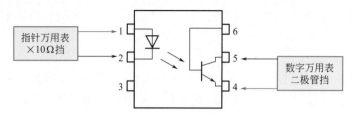

图 1.84　指针万用表测试光耦示意图

有时候在线测试使用指针万用表施加电流稍显不便，可以自制一款施加电流的光耦"驱动神器"，如图 1.85 所示。

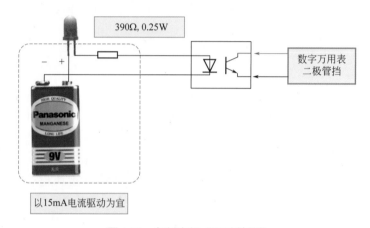

图 1.85　自制光耦"驱动神器"

② 低速线性光耦

低速线性光耦主要包括 PC817、PC818、PC810、PC812、PC502、LTV817、TLP521-1、TLP621-1、ON3111、OC617、PS2401-1、GC5102 。PC817、TLP521-1 等光耦内部图见图 1.86。

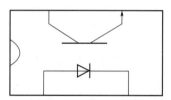

图 1.86　PC817、TLP521-1 等光耦内部结构图

此类芯片多用于低速（100Kbit/s 以下）的数字接口电路，如 PLC、变频器的输入接口，或者开关电源的反馈电路中。此类光耦测试方法与非线性光耦相同。

③ 高速光耦

此类光耦多用于通信信号的隔离传输，通常在光耦输出端接有 5V 电源电压，方便与 TTL 电路的接口。按照速度划分，比较常见的此类光耦型号有：

100Kbit/s：　6N138、6N139、PS8703。

1Mbit/s：6N135、6N136、CNW135、CNW136、PS8601、PS8602、PS8701、PS9613、PS9713、CNW4502、HCPL-2503、HCPL-4502、HCPL-2530（双路）、HCPL-2531（双路）。

10Mbit/s：6N137、PS9614、PS9714、PS9611、PS9715、HCPL-2601、HCPL-2611、HCPL-2630（双路）、HCPL-231（双路）。

此类光耦测试时需要在输出端通电，如果电路板有电源变换，可以在电路板的电源输入端加电，再检测光耦的供电，如果是正常的，就可以在线进行测试了。测试时须将 LED 端一个引脚脱离电路板，以免注入电流影响前级电路。如果电路板没有电源变换，可以直接使用可调电源在光耦电源端上加电，测试时 LED 端引脚不必脱离电路，见图 1.87。

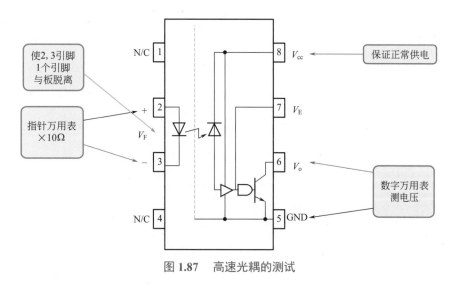

图 1.87　高速光耦的测试

有时候高速光耦的损坏也不是明显对输入信号无响应，而是响应速度不及正常情况，此时可以使用信号发生器结合放大电路来驱动光耦，再使用示波器测试高速光耦的输出波形，调节信号发生器的频率，观察波形是否在高频时畸变来判断光耦是否响应良好。电路如图 1.88 所示。

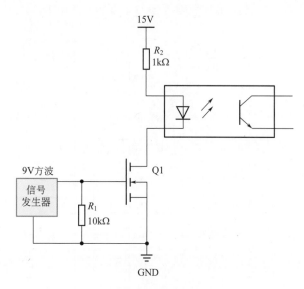

图 1.88　高速光耦驱动电路

④ 功率晶体管驱动光耦

此类光耦用于驱动功率晶体管，用于马达、UPS、焊机领域的逆变、可控整流等。光耦工作在频繁开关状态，速度要求高，还需要足够的电流驱动能力。通常此类光耦的输出端电源电压在 15 ～ 20V 之间。常见的此类光耦有 HCPL0454、HCPL3120、HCPL4503、HCPL4504、PC923、PC929、A316J 等。

此类光耦测试方法与高速光耦相同。带 IGBT 管压降检测的光耦，在单独检测光耦是否有驱动功能时，需要屏蔽检测引脚的检测功能，否则会锁定输出为低电平。如图 1.89 所示，在线测试光耦 PC929 时，如果电路板没有连接模块，可以短接 9、10 脚，以屏蔽 9 脚的电压检测，然后在输入端施加信号，在输出端检测信号。

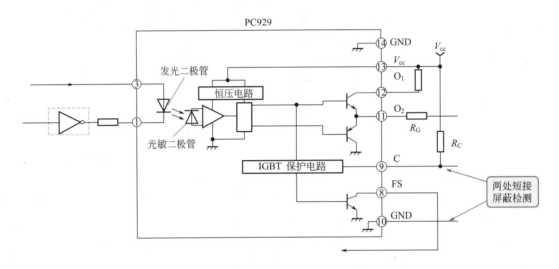

图 1.89　PC929 光耦的在线检测

如图 1.90 所示，在线测试光耦 A316J，如果电路板没有连接模块，可以短接 14、16 脚，以屏蔽 14 脚的电压检测，然后在输入端施加信号，在输出端检测信号。

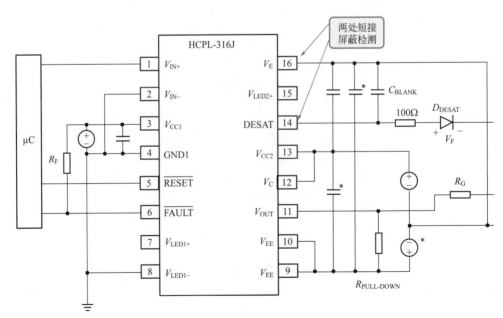

图 1.90　A316J 光耦的在线检测

⑤ 隔离放大器光耦

此类光耦可以将毫伏级的模拟信号隔离放大，可用于检测直流母线电压、马达输出电流。常见的型号有 HCPL7800/A/B、HCPL7820、HCPL7840、HCPL7860（串行数据输出）。

检测模拟信号隔离放大的光耦，如 A7800、A7840、A7841 等芯片，也可以给电路板通电，如通电后输入输出端的电压都正常，就可以实测放大后的输出电压大小及输入电压的大小，比较放大系数是否正常。以 A7800 为例，根据检修经验，当输入电压（2 脚对 3 脚电压）为 0mV 时，正常的输出电压（7 脚对 6 脚）基本在 5mV 以下且保持稳定，如果输出电压在 -20mV 以下（如 -23mV），或者通电时间长了会达到 -20mV 以下，则视为损坏。最可靠的测试方法是制作一个电路，调节输入电压在规定的范围内变化，同时测输出电压和输入电压的比值是否满足增益情况。如 A7800 的放大增益为 8 倍，输出电压和输入电压大小就应该满足 8 倍的关系。个别此类芯片即使按照以上方法测试也没有异常，但是实际工作时就是有问题，可能是芯片在线性以及速度响应方面还存在问题。

有些隔离放大器光耦在线不好通电测试，可以拆下使用自制的测试电路测试，如图 1.91 所示，接入直流电压 8V，经 7805 三端稳压得到 5V 电压加至芯片的供电脚，R_2 和 R_1 分压，在 2、3 脚得到约 50mV 输入电压，检测 6、7 脚电压是否为 400mV，将 S1 按下，再检测 6、7 脚电压是否为 0mV，如果有误差，以不超过 10mV 为宜。

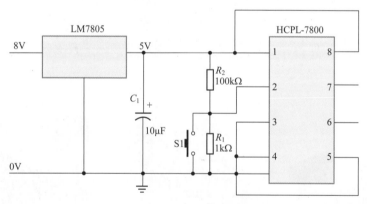

图 1.91　光耦 HCPL-7800 测试电路

（5）存储器

存储器总体上分为易失性存储器和非易失性存储器。易失性存储器断电后内部数据会丢失，非易失性存储器断电后数据也不会丢失。

易失性存储器包括 SRAM（静态随机存储器）和 DRAM（动态随机存储器）。SRAM在通电状态下数据不会丢失，断电后即丢失，若要数据在系统断电后继续保存，需要在电路板上配置电池，在断电后对 SRAM 供电，如图 1.92 所示。SRAM 的数据存储速度非常快，价格比同等存储容量的 DRAM 高出很多。SRAM 外观如图 1.93 所示。

DRAM 在通电状态下需要控制电路来周期性刷新才能保持数据，DRAM 多用在内存条上，如图 1.94 所示。

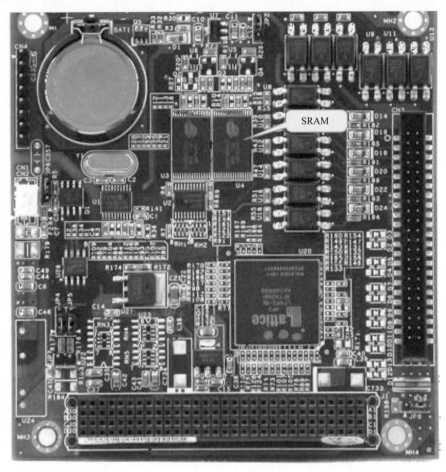

图 1.92　电路板断电后 SRAM 需要电池供电保存数据

图 1.93　SRAM（静态随机存储器）外观

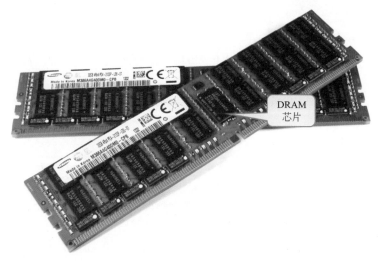

图 1.94　内存条上的 DRAM 芯片

非易失性存储器包括带备用电源的 NVRAM（非易失性 RAM）、掩膜 ROM、PROM（可编程 ROM）、EPROM（紫外线可擦除可编程 ROM）、EEPROM（电可擦可编程 ROM）、FLASH MEMORY（闪存）、FRAM（铁电存储器）。

NVRAM 内置锂电池，电池和 RAM 芯片封装为一体，如图 1.95 所示，NVRAM 无外部供电情况下可保留数据 10 年不丢失。此类芯片是可以从电路板上取下读取数据的。

图 1.95　内置备用电源的 NVRAM

EPROM 有一个明显特征，即陶瓷封装的芯片上有一个玻璃窗口，紫外线可以透过窗口将芯片内部数据擦除，擦除干净后又可以重新写入新的数据。如图 1.96 所示的 EPROM 和 EPROM 擦除器。EPROM 可以反复擦除和写入数据，但有寿命次数限制。EPROM 需要通过编程对其写入数据，EPROM 的芯片型号以 "27" 开头，如 27C512、27C040 等。EPROM 一般用于存储系统程序，写入程序后使用标签将玻璃窗口封住，并在标签上注明版本和 CHECKSUM（校验和）信息，维修时要注意不能将标签去除，如因查看芯片型号撕下标签，要记得重新贴回，以免玻璃窗口长期透光导致数据丢失。

图 1.96　EPROM 和 EPROM 擦除器

掩膜 ROM 的数据是在芯片制造过程中就固化好的，用户只能读取不能修改数据，此类芯片用于低成本大量制造的电子产品。

PROM 是一次性编程的 ROM，芯片出厂时，内部数据全 0 或全 1，用户编程只可写入一次，如果出错，芯片只有报废。

EEPROM（又写作 E^{2}PROM）既可以用编程器擦除和写入，也可以设置在电路上通过程序操作改写数据。并行数据存储的 EEPROM 一般以"28"开头，如 AT28C010、AT28C040。另有通过串行方式读写数据的 SE^{2}PROM，芯片型号以"24""25""93"开头，如 24C04、25C04、93C46 等，这类芯片内部可以存储少量数据，可用于设置用户参数等改变不频繁、数据量不大的数据，由于使用串行方式，电路设计可以大大简化。此类芯片通常只有 8 个引脚，通过 SPI 串行总线或 I^{2}C 串行总线与其它控制芯片通信来存储程序。图 1.97 是并行数据存储的 E^{2}PROM，图 1.98 是串行数据存储的 E^{2}PROM，其中 24C04 是 I^{2}C 总线通信的 SE^{2}PROM，由程序控制串行时钟线 SCL 和串行数据线 SDA 来完成数据的读写。

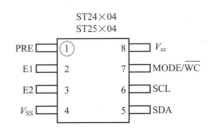

图 1.97　并行数据存储的 E^{2}PROM　　　　　　图 1.98　串行数据存储的 E^{2}PROM

E^{2}PROM 内部的数据也是可以使用编程器复制的。如果确认故障板的 E^{2}PROM 有问题，可以从一样的好板上取下相同芯片复制。

FLASH MEMORY（闪存）也是可以擦除数据的存储器（图 1.99），如今在便携式领域得到广泛应用，例如 U 盘就是典型的应用代表。FLASH 存储器芯片型号常见以"29"开头如 29F040。FLASH 芯片可见于存储可在线升级的主板 BIOS 程序。

图 1.99　闪存存储器

铁电存储器（FRAM）（图 1.100）将 ROM 的非易失性数据存储特性和 RAM 的无限次读写、高速读写以及低功耗等优势结合在一起，在工控电路板中多有应用。

图1.100 铁电存储器（FRAM）

存储器的检测总结

某些RAM芯片可以使用编程器进行检测，编程器可以对RAM进行写入、读出操作并进行校验，如果RAM损坏，则读出的代码和写入的代码不一致，如果是物理损坏，某些编程器直接就可以显示出来。

对有固定程序的非易失性存储器来说，也可以通过验证读出代码的CHECKSUM（校验和）来判断内部程序是否丢失或混乱，芯片读出的校验和可以跟芯片上标签标注的校验和比对，也可以找到确定程序未有损坏的相同电路板上的芯片，读出校验和比较。

从检修的统计规律来看，存储器是相对不容易损坏的，但E^2PROM特别是SE^2PROM除外。如果说有带程序的芯片出问题，那么极大的可能性就是SE^2PROM的问题，这类芯片出现问题也不是功能性损坏，而是存储的数据出现错误导致。例如变频器的参数出现莫名其妙的混乱，则很大可能性是存储参数的SE^2PROM内部数据出现了混乱。

（6）运算放大器和比较器

运算放大器和比较器应用在模拟电路中。但凡电路板中有正负双电源的设计，基本上是去向模拟电路部分的，当然也有使用单电源的运算放大器，这样电路会简化。随着技术的进步，使用单电源、低电压的所谓rail to rail（轨到轨）运算放大器也不断开发出来得到应用。常见运算放大器芯片如图1.101所示。

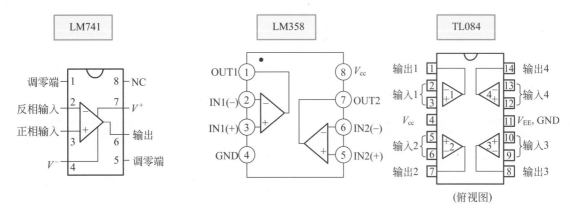

图1.101 常见运算放大器芯片

运算放大器两个最重要的特点就是虚断和虚短。何为虚断？就是差分输入端（同相和反相输入端）之间的电阻非常大，一般在 1MΩ 以上，电路电流非常小，几乎可以忽略不计，这类似于断路，分析时就认为两个输入端与芯片是断开的，如图 1.102 所示。但是又不是真实的断开，所以叫作"虚断"。

图 1.102　运算放大器"虚断"示意图

运算放大器的开环放大倍数非常大，即使两个输入有微小的电压差异（不到 1mV），理论计算放大以后也会超过给放大器供电的电压值，显然这不现实。所以如果运算放大器正常工作的话，必须引入负反馈，负反馈可以控制两个输入端之间的电压差别非常小（小于 1mV），如果大于这个微小差别，输出电压将会"冲顶"接近芯片的正电压，或者"踩低"接近芯片电压的负电压。我们把负反馈电路下的两个输入端电压非常接近（差别近似为 0）相当于短路的情况叫作"虚短"，如图 1.103 示。

在分析运算放大器电路的时候，运用"虚短"和"虚断"的特点，就比较容易了。

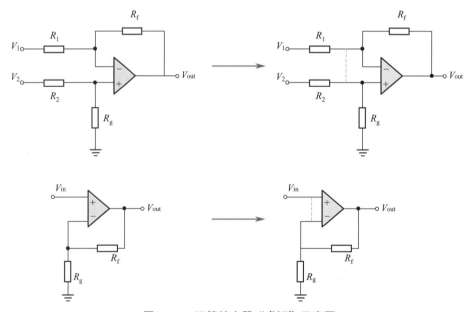

图 1.103　运算放大器"虚短"示意图

运算放大器如果没有负反馈就是一个比较器电路，比较器可以比较输入端两个电压大小（当然电压在容许的范围内）。如果同相端电压＞反向端电压，则输出电压接近正电源电压；如果同相端电压＜反向端电压，则输出电压接近负电源电压（单电源 0V 电压）。比较器电路一般使用专用的芯片（如 LM393、LM339），比较器芯片一般都是集电极开路的形式，须外接上拉电阻才会有高电平输出，测试输出电平时要注意。常用比较器芯片如图 1.104 所示。

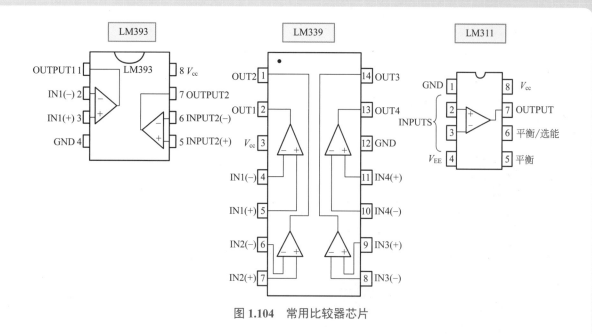

图 1.104　常用比较器芯片

 注意

　　虽然运算放大器和比较器表示符号没有差异，但运算放大器芯片可以做比较器使用，而比较器芯片不能做运算放大器使用。

运算放大器和比较器的检修

　　根据运算放大器的"虚短"特点可知，当有负反馈时，运算放大器的两个输入端电压相等，也就是说，只要测得运算放大器两个输入端电压相等，就可知电路的负反馈起作用了，说明这一路的运算放大器正常工作了。如果一个芯片有多个相同的放大器（如 TL084 有 4 路放大器），就可以给电路板通电后，直接测试各放大器的输入端是否有电压差异，如果没有，就可以确认此路放大器是好的，接着测试下一路放大器。如果测试到有电压差，可能此路没有负反馈，是做比较器用的，然后再次测试输出端电压，它应该符合比较器特点，如果不符合则判断芯片损坏。这样，电路板通电，不用拆下芯片测试就可以在板上确定芯片好坏。

（7）线性稳压电源芯片

　　线性稳压电源芯片常见的型号有正电压固定输出的 78xx 系列，负电压输出的 79xx 系列，输出正电压可调的 xx317，输出负电压可调的 xx337。在 3.3V 电路系统可以见到低压差线性稳压器，这类芯片对稳压输入端和输出端的电压差别要求没有传统线性稳压芯片那么苛刻，需要至少 2 ～ 3V 的压差，如 AMS1117 可以将 5V 输入的电压稳定到 3.3V 输出。各种线性稳压芯片见图 1.105。

　　LM2575、LM2576 是常见的经典降压式的 DC-DC 开关电源芯片，MC34063 则是升压

工业电路板芯片级维修 彩色图解

式的 DC-DC 开关电源芯片。

　　常用的 AC-DC 开关电源控制芯片最经典的有 TL494、UC384X 系列，还有结构简单、容易构成小功率开关电源系统的 TOP 系列芯片。

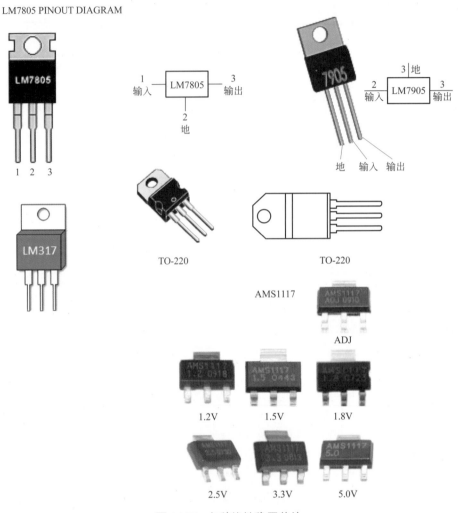

图 1.105　各种线性稳压芯片

　　某些场合把电源做成 DC-DC 模块的形式，为电路的设计提供了方便，而且输出和输入可以完全电气隔离，如图 1.106 各种外观的 DC-DC 电源转换器模块。

图 1.106　各种 DC-DC 转换器模块外观

稳压电源芯片的测试

线性稳压芯片可以直接加直流可调电源来测试输出是否正常，有些芯片输出悬空时测试电压不正常，在输出端需要带点负载才有正常电压，应引起注意。

其它稳压芯片可在线通电判断，除非测试芯片有明显的对地或电源端短路，一般在排除外围元件损坏后才怀疑芯片损坏，也可以通过替换法判断，还可以对芯片进行 VI 曲线扫描，对比好芯片"确诊"。

（8）厚膜电路

厚膜电路（图 1.107）也是集成电路的一种，是将电阻、电容、电感、半导体器件甚至某些 IC 通过印刷、烧结、焊接等工艺建立连接关系，集成制作在陶瓷基片上，实现特定电路功能的一类器件，这类器件通常使用树脂密封，电气性能稳定，适合可靠性高或者高电压、大电流场合。

图 1.107　厚膜电路

厚膜电路一般没有数据手册可供下载，测试无从下手，只能用好坏对比以及替换法来判断。

（9）PLD、CPLD、FPGA、DSP 芯片

PLD（Programmable Logic Device）是可编程逻辑器件的简称。

CPLD（Complex Programmable Logic Device）是复杂可编程逻辑器件的简称。

FPGA（Field-Programmable Gate Array）是现场可编程门阵列的简称。

DSP（Digital Signal Processor）是数字信号处理器的简称。

　　以上芯片都是可编程器件，PLD 芯片（图 1.108）IO 引脚较少，可编程实现不太复杂的逻辑功能，用以代替部分固定逻辑的芯片，可以方便电路开发人员灵活设计，也有助于电路的保密性。

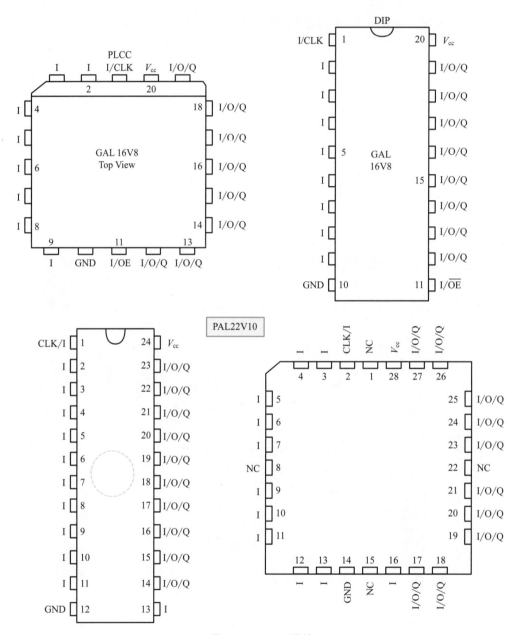

图 1.108　PLD 芯片

　　CPLD 芯片（图 1.109）可实现的逻辑功能更加强大，CPLD 的具体功能是通过对 CPLD 内部的 E^2PROM 或 FLASH 编程实现的，掉电后 CPLD 内部程序不会丢失。电路板 PLD 或 CPLD 芯片损坏，不能简单更换，需要复制内部代码，但如果芯片加密，就不能复制正确的代码。

图 1.109　CPLD 芯片

　　FPGA 芯片（图 1.110）上电后，从外部调入代码至 FPGA 的内部 SRAM 来组织逻辑关系，一旦掉电，内部 SRAM 数据丢失，FPGA 就是白片，下次上电需再一次调入程序。所以 FPGA 芯片如果损坏，可以更换，只要保证正常调入正确的代码即可。

图 1.110　FPGA 芯片

　　DSP 芯片（图 1.111）内部包含 ROM、FLASH 空间，程序代码存储在这些空间内，也和现在的单片机一样通常是加密的，损坏的话不能简单换新，不能简单复制程序。

图 1.111　DSP 芯片

（10）晶振

晶振包括无源晶振和有源晶振，一般无源晶振只有两个引脚，有源晶振有 4 个引脚，但也有一些无源晶振有 4 个引脚，只不过有两个引脚是空脚。各种晶振外形见图 1.112。

图 1.112　各种晶振外形

无源晶振接入电路时，一般需要接两个 20 ～ 30pF 电容配合（图 1.113）。可以使用示波器测试晶振两端有没有正弦波波形，来判断无源晶振有没有在电路上起振，注意测试时将示波器探头上的拨动开关拨至 ×10 挡，表示输入电阻 10M，这样可以减少测试波形时对晶振的影响，以免探头接入使得晶振停振。

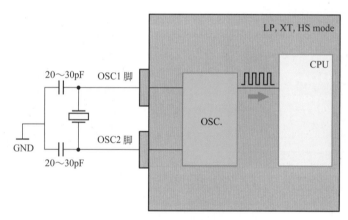

图 1.113　无源晶振电路

有源晶振内置放大电路，其实就相当于一枚输出振荡方波的芯片，如图 1.114 所示，4 脚的有源晶振第 1 脚是空脚，第 2 脚是接地，第 3 脚是信号输出，第 4 脚是电源电压。有源晶振只要电源脚接入电源，就可以用示波器在输出端观察到方波波形。简便的方法是，通电后测试输出端的对地电压，应该是电源电压的一半，如果是 0V 或者电源电压，判断有源晶振损坏。

图 1.114　有源晶振及引脚

（11）PCB（印刷电路板）

从维修角度也可将 PCB 视为一款"元件"。PCB 本身的问题引发的电路故障不在少数（图 1.115），甚至超过总故障的 1/3。PCB 上走线、过孔、焊盘开路是故障电路板上最常见的问题。发生开路故障的原因是线路板受到腐蚀断线，工业现场环境恶劣，高温、高湿、灰尘、盐雾环境以及线路板受到附近电容漏液影响都可能使细小走线断开或过孔上下不通。还有 BGA 封装的芯片，因为长期的热应力作用，下面的锡球与电路板焊盘断开（图 1.116）。

图 1.115　PCB 损坏引发电路故障

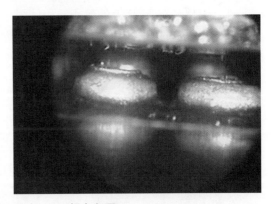

图 1.116　BGA 芯片引脚与 PCB 焊盘断开

作为维修人员，应该对 PCB 的制造流程有所了解。PCB 的制造流程包括以下步骤。

① 胶片制版

设计者使用电路板 CAD 软件如 PROTEL、PADS 等设计的 PCB 文件打印输出制成胶片。

② 图形转移

将胶片上的 PCB 图形采用丝网漏印法或光化学法转移到覆铜板上。

③ 化学蚀刻

将转移了图形的 PCB 置于蚀刻溶液中，去掉不需要的铜箔，留下组成图形的焊盘、印制导线及符号等。

④ 过孔与铜箔处理

焊盘和过孔位置钻孔后，上下有连接关系的，须做金属化处理。金属化孔就是把铜沉积在贯通两面导线或焊盘的孔壁上，使原来非金属的孔壁金属化，也称沉铜。在双面和多层 PCB 中，这是一道必不可少的工序，实际生产中要经过：钻孔—去油—粗化—浸清洗液—孔壁活化—化学沉铜—电镀—加厚等一系列工艺过程才能完成。

金属化孔的质量对双面 PCB 是至关重要的，因此必须对其进行检查，要求金属层均匀、完整，与铜箔连接可靠。在表面安装高密度板中，这种金属化孔采用盲孔方法（沉铜充满整个孔）来减小过孔所占面积，提高密度。

金属涂覆：

为了提高 PCB 印制电路的导电性、可焊性、耐磨性、装饰性及延长 PCB 的使用寿命，提高电气可靠性，往往在 PCB 的铜箔上进行金属涂覆。常用的涂覆层材料有金、银和铅锡合金等。

⑤ 助焊与阻焊处理

PCB 经表面金属涂覆后，根据不同需要可进行助焊或阻焊处理。涂助焊剂可提高可焊性。而在高密度铅锡合金板上，为使板面得到保护，确保焊接的准确性，可在板面上加阻焊剂，使焊盘裸露，其他部位均在阻焊层下。

⑥ 印刷丝印层

最后在 PCB 上采用丝网印刷方式印上丝印层，将元件图形符号及编号、电路板名称及版本信息印刷在 PCB 上，装配元件，检测电路板功能或维修时就可以根据这些信息和电路图建立对应关系。

一般会使用元件英文名称的首写字母来给元件编号，例如用 R 表示电阻，C 表示电容，VD 表示二极管，VT 或 TR 表示三极管，Z 表示稳压管等。如果维修人员初次见到某些不认识的元件，可以通过 PCB 上的丝印的元件编号字母来判断。

很脏的 PCB 可以使用超声波清洗机进行清洗，在清洗机内放入清水和中性清洗剂，清洗后再对 PCB 进行烘干处理，见图 1.117。

图 1.117　超声波清洗机和烘干设备

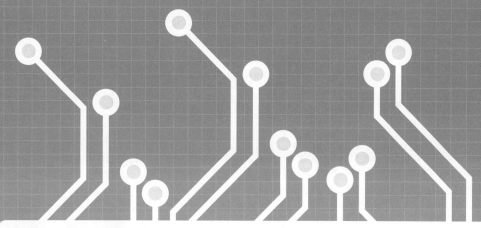

第 2 章
基于电路分析的维修

　　一般厂家不提供工控电路板的电路图，原因一是知识产权问题，防止拷贝，因此往往不会提供图纸；二是普通维修维护人员少有机会接触到此类设备，尤其是损坏的设备。

　　对于有图纸的电路板，维修者只要能看懂电路图，维修经验丰富，大多还是可以按图索骥，找到故障症结的，但若缺图，要修好的话，就需要一些电路图的储备和不错的分析功底了。

　　作为一个合格的工业电路板维修者，要彻底弄懂一些典型电路的原理，烂熟于心。从整体电路到子电路，再从子电路到整体电路，需要有机结合；信号的来龙去脉，数字还是模拟，进还是出，要弄清楚。图纸是死的，脑袋里的思想是活的，可以类比、可以推理、可以举一反三，一通百通。比如开关电源，总离不开振荡电路、开关管、储能电感或开关变压器这些因素，检查时要检查电路有没有起振，电容有没有损坏，各个三极管、二极管有没有损坏，保护有没有起作用。不管碰到什么开关电源，其结构原理都基本类似，虽拓扑结构有所不同，但也是归于数种，维修操作起来都差不多，不必强求有图。比如单片机系统，包括电源、晶振、复位、三总线（地址线、数据线、控制线）、输入输出接口芯片等，检修起来也都离不开这些范围；又如各种运算放大器组成的模拟电路，纵然变化万千，在"虚短"和"虚断"的基础上去推理，亦可有头有绪。练就了分析和推理的好功夫后，即使遇到从未见过的设备，只要从原理上搞明白就可以进行维修。

　　本章将工业电路板维修中的常见电路分为数字逻辑电路、运算放大器电路、接口电路、电源电路、单片机电路、变频器电路等几个部分加以介绍，结合实际电路图详细分析原理，介绍从原理入手的一些检测方法。

2.1 数字逻辑电路

　　数字电路中最基本的电路是与、或、非门电路，并由此衍生出组合逻辑电路、时序逻辑电路，乃至不断发展出存储器、CPU、CPLD、FPGA、DSP 等各种数字器件。早期的工控电路板因技术所限，简单独立的数字逻辑器件如 74 系列 TTL 器件及 40 系列、45 系列等较多，随着大规模集成电路的不断发展，一个或数个芯片就可实现复杂功能。这些简单独立的数字逻辑器件在一块电路板上的数量越来越少，但总归还是有一些。

　　工控电路板中，以 74 系列的数字逻辑电路最常见，作为维修技术人员，对这些电路的原理结构和损坏检测方法应当熟悉。通常生产厂家都会提供 pdf 文档形式的芯片数据资料，这些资料国内外各大电子网站都有下载。在检修或代换时，我们可以依据这些资料。

　　图 2.1、图 2.2 中所列是各种常用 74 系列、40 系列的内部逻辑图。

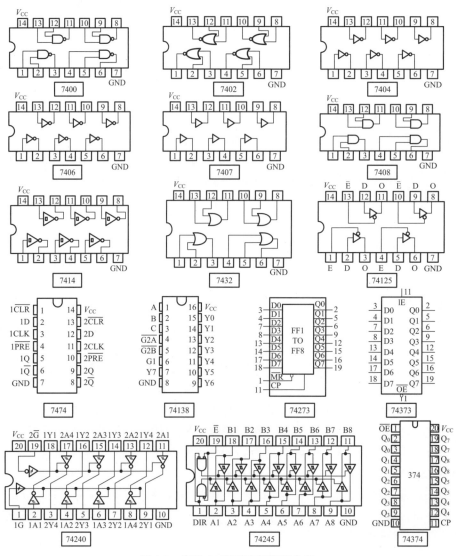

图 2.1　常用 74 系列内部逻辑电路

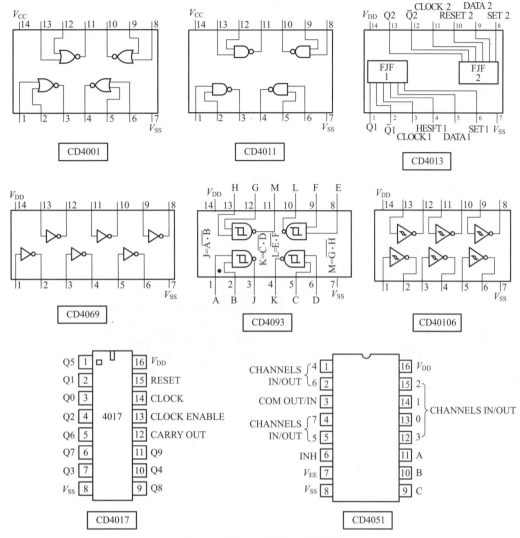

图 2.2 常用 40 系列内部逻辑图

这些常用的逻辑电路基本都是双列直插封装或双列表面贴装的封装形式，除了个别芯片，基本上都是第一排的最后一个引脚接地（GND），第二排最后一个引脚接电源正极端（V_{EE}），如果需要通电试验电路板，可以据此判断要加电的部位。

这些逻辑电路的通电检测，简单的可以使用万用表，也可以使用逻辑笔或示波器。

万用表一般（比如 TTL 芯片）使用 5VDC 电源，要检测一个非门是否正常，假设输入信号处于静态没有跳变，则输入是高电平，输出就是低电平；输入低电平，输出就是高电平。高电平就是 5V 或比 5V 少一点点，低电平就是 0V 或比 0V 大一点点。如果输入信号是动态变化的，那么输出信号也会动态变化，此时万用表测量直流电压，显示的就是一个脉冲平均值，如果输入是一个占空比 40% 的脉冲信号，万用表显示就是 5×40%=2(V) 左右，输出就是 5×60%=3(V) 左右，如果此时输出固定高电平或低电平，则要怀疑芯片坏了。当然对于集电极或漏极开路输出结构的芯片，以上测量方法就不准确了，因为此类芯片将内部晶体管集电极开路或 MOSFET 漏极开路状态视为高电平，如果输出不接上拉电阻，那就测不到接近

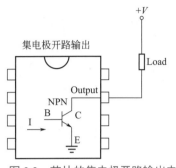

图 2.3　芯片的集电极开路输出电路

电源的电压。芯片的集电极开路输出电路见图 2.3。

　　显然万用表对包含简单的、数量少的逻辑电路的电路板测试一下还是可以的，但是对数量较多的数字电路就不是很方便了。

　　逻辑笔检测逻辑芯片，相对比较直观快速，最好使用带脉冲进位的逻辑笔。逻辑笔可以显示高低电平、高阻状态、有无脉冲及脉冲快慢。但是逻辑笔只是简单地指示逻辑状态，一些波形畸变及数据的连续变化并不能很好地体现出来。

　　最直观的方法还是使用示波器来查看逻辑电路的状态。示波器能记录连续的波形，能观察波形的质量，可以通过对波形的分析来判断故障。逻辑笔和示波器的外形见图 2.4。

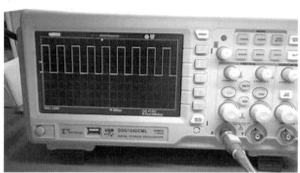

图 2.4　逻辑笔和示波器外形

　　逻辑电路中，一个输出脚可以只连接一个输入脚，也可以不连接或连接多个输入脚，但不可以两个输出脚连接（集电极开路、源极开路除外），即一个电路节点只有一个输出，所以，当多次检查逻辑转换电路的信号走向时，确定某个节点是某个芯片的输出后，那么信号的源头就应该从这一个芯片去查找，而不应该纠结其它芯片。

2.2　运算放大器电路　

　　在工业电路板中，对模拟信号的处理几乎都会用到运算放大器，运算放大器组成电路的形式可谓繁多，于设计而言，要注意的事项不少，但于维修而言，只要基于运算放大器的"虚断"和"虚短"特性，便可对各种组成电路详加分析，维修也便头绪清晰，不走弯路。

　　何谓"虚断"？因为运算放大器的输入阻抗非常高，同相输入端和反相输入端因为阻抗非常高，输入或输出电流小到可以忽略不计的地步，这就像输入端和外接器件开路了一样，阻抗高的极致（趋向于无穷大）就是开路，然而它又不是真的开路，只是为了分析电路的方便把它等效于开路，所以称之为"虚断"。

何谓"虚短"？因为运算放大器的开环电压增益非常高，通俗一点讲，即在没有负反馈的情况下，同相输入端和反相输入端如果有一点点电压差（比如 1mV），即可被放大至电压的极值，输出就会趋向于电源电压的最大或最小值，这就是比较器的特点。所以，运算放大器要处于正常可控的放大状态，加入负反馈是必须的。加入负反馈后，也就使得同相反相输入端的电压几乎没有差别，电压相等，这看起来就像短路了一样，然而又不是真的短路，所以称之为"虚短"。

注意

在讲解运算放大器的时候，往往是先给出电路的名称，比如反相放大器、同相放大器、反相加法电路之类，再画出相关电路，然后再去根据原理推导出输出和输入电压的关系公式，最后初学者往往会趋向去机械地记住那些公式，一旦电路稍有变动，便失去头绪，分析无从下手。笔者觉得不管什么运算放大器的电路，只要抡起"虚断""虚短"两板斧，自顾分析便是，而不要纠结什么同相反相放大器、加法减法乘法器什么的，这样可以避免思维定式，实践证明这确实有利于初学者掌握运算放大器的原理，有利于举一反三地分析所有相关的运算放大器电路。

下面我们就按照这个思路对一些运算放大器应用电路来进行分析。

（1）比较器电路

如图 2.5 所示的电路，反馈电阻 R_2 没有接到反相输入端，而是接到同相输入端，所以是正反馈，没有负反馈，就不是做放大器使用，而是做比较器使用。R_3、R_4 串联分压后的电压加至比较器的反相输入端，输入电压经 R_1 加至同相输入端，两路电压进行比较，同相电压高于反相电压，则输出高，接近电源电压；反之输出低，接近 0V 或负电压（视乎单电源还是双电源）。反馈电阻 R_2 使得同相输入端电压有一个较小的跟随输出电压的正向的变化，这可以避免同相输入和反相输入电压值在接近时引起电路的振荡。

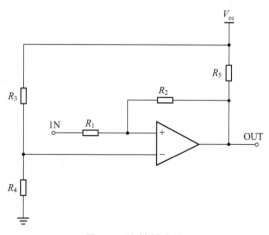

图 2.5　比较器电路

注意

"虚短"的情况只有在有负反馈的时候才成立，没有负反馈的"虚短"分析都是错误的。负反馈不一定是在输出端和反相输入端接一个电阻，只要有一个变化量拉开同相反相输入端的端电压，而反馈的结果却使两个电压趋同，即构成负反馈。

针对包含比较器电路的维修

电路板上模拟部分常见 LM339、LM393 等比较器，可以通电测试比较器输出和输入之间的逻辑关系，判断芯片的好坏。如图 2.6 所示电路，电路使用正负双电源，正负电源是从外接电源输入的，0V 与该电路芯片并没有连接，测试芯片各脚电压时，应该以外接电源 0V 作为参考。假如测得 6 脚电压为 -1V，7 脚电压为 -3V，则 6 脚电压大于 7 脚电压，1 脚输出应该为低电平，输出就应该接近 -5V，如果是正电压则判断芯片损坏。另外 3 个比较器也依次按照此法测试。

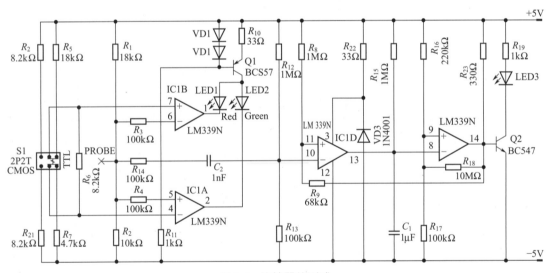

图 2.6　比较器的测试

（2）反相放大器电路

如图 2.7 所示，电路接有负反馈电阻 R_3，所以电路做放大器使用，满足"虚短"条件。因为虚断，则 R_2 无电流流过，根据欧姆定律，R_2 两端的电压降即 R_2 的电阻值和流过的电流的乘积为 0，故运算放大器 5 脚电压和地电压相等为 0；因为 6 脚和 5 脚虚短，所以以 6 脚电压和 5 脚相同为 0；因为虚断，运算放大器的 6 脚既没有电流流入，也没有电流流出，那么流过 R_1 的电流即流过 R_3 的电流，R_1 和 R_3 相当于串联关系，故而得出：$\dfrac{V_i-0}{R_1}=\dfrac{0-V_o}{R_3}$　故有：

$$V_o=-V_i\left(\dfrac{R_3}{R_1}\right)。$$

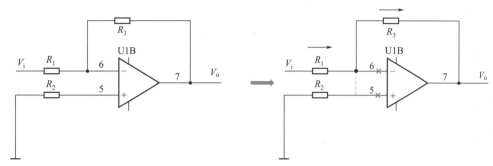

图 2.7　反相放大器电路

可知此电路输出电压与输入反相，放大倍数是反馈电阻 R_3 与输入电阻 R_1 的比值（为分析方便，× 表示虚断无电流，虚线表示虚短，电压相等）。

电路检修方法：可以直接测试输出电压和输入电压，将电压套入公式核对是否符合，通常运算放大器并不容易损坏，有问题的只是反馈和输入电阻，例如电阻变值或线路板脏污引引相应的参数改变。

（3）同相放大器电路

如图 2.8 所示，因为虚断，5 脚和输入电压 V_i 相等，因为虚短，6 脚和 5 脚电压相等，因为虚断，通过 R_1 和 R_3 的电流相同，据此得到：

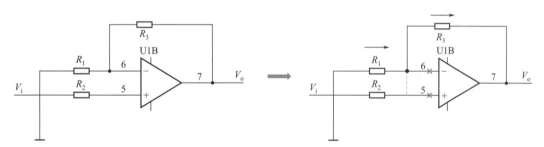

图 2.8　同相放大器电路

$$\frac{V_i}{R_1} = \frac{V_o}{R_1 + R_3}$$

所以：
$$V_o = \frac{V_i(R_1 + R_3)}{R_1} = V_i\left(1 + \frac{R_3}{R_1}\right)$$

可知输出电压与输入同相，且当输出与反相输入端短接时，亦即 $R_3 = 0$ 时，$V_o = V_i$，输出电压与输入电压相等，此时没有电压放大作用，但输出电压的带负载能力增强，此时的电路通常被称为电压跟随器。信号检测方面，电压跟随器电路使用比较普遍。

（4）反相加法器电路

如图 2.9 所示，因为虚断，放大器 6 脚没有电流出入，因为虚短，放大器 6 脚与 5 脚电压相等为 0V，根据基尔霍夫定律，通过 R_1 与 R_2 的电流之和等于通过 R_3 的电流，故：

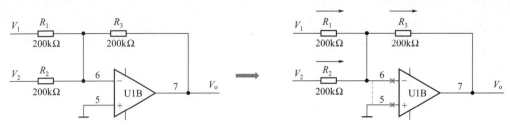

图 2.9　反相加法器电路

$$\frac{V_1}{R_1}+\frac{V_2}{R_2}=\frac{0-V_o}{R_3}$$

当 $R_1=R_2=R_3$ 时，满足 $V_o=-(V_1+V_2)$，此电路称为反相加法器。

（5）同相加法器电路

如图 2.10 所示，各电阻取值都相同，因为虚断，则运算放大器 6 脚没有电流出入。通过 R_1 和 R_3 的电流相等，故而 6 脚电压即为 R_1 与 R_3 之串联分压，为 $\dfrac{V_o}{2}$，同理由于虚断，流过 R_2 的电流与流过 R_4 的电流也是一样的。

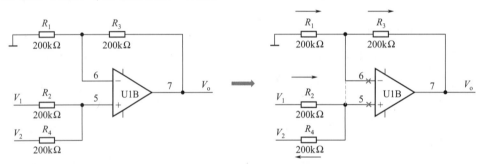

图 2.10　同相加法器电路

故：$V_1-\dfrac{V_o}{2}=\dfrac{V_o}{2}-V_2$

即：$V_o=V_1+V_2$，此电路称为同相加法器。

（6）减法器电路

如图 2.11 所示，$R_1=R_2=R_3=R_4$，因为虚断，流过 R_2 与流过 R_4 的电流相等，故运放 5 脚电压为 $\dfrac{V_2}{2}$，因为虚短，6 脚电压与 5 脚电压相等，又因为虚断，流过 R_1 和 R_3 的电流也相等，故而：

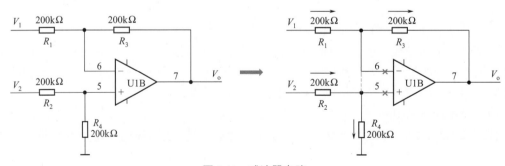

图 2.11　减法器电路

$$V_1-\frac{V_2}{2}=\frac{V_2}{2}-V_o$$

得：
$$V_o=V_2-V_1$$

此电路即所谓的减法器电路。

（7）差动放大电路

如图 2.12 所示，首先每个运算放大器都有负反馈电阻，所以虚短成立，因为虚短，U1 的同相反相输入端电压相等，U2 的同相反相输入端电压相等，所以，R_g 两端的电压差就是 V_1 与 V_2 的差值。因为虚断，U1 的反相输入端没有电流进出，U2 的反相输入端也没有电流进出，所以流过 R_5、R_g、R_6 的电流相同，都是 I_g，它们可以视为串联，串联电路每一个电阻上的分压与阻值成正比，所以：

$$\frac{V_{11}-V_{12}}{R_5+R_g+R_6}=\frac{V_1-V_2}{R_g} \quad 得：V_{11}-V_{12}=(V_1-V_2)\times\frac{R_5+R_g+R_6}{R_g}$$

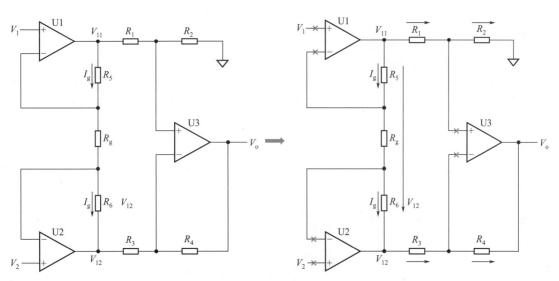

图 2.12　差动放大电路

如果 $R_1=R_2=R_3=R_4$，又因为虚短，U3 的同相反相输入端电压相等，因为虚断，通过 R_1 的电流和通过 R_2 的电流相等，通过 R_3 的电流和通过 R_4 的电流相等，所以：

$$\frac{V_{11}}{2}=\frac{V_{12}+V_o}{2}$$，即 $V_o=V_{11}-V_{12}$ 后级电路是一个减法器。

综上有：$V_o=(V_1-V_2)\times\dfrac{R_5+R_g+R_6}{R_g}$。

此电路是一个差动放大器，它可将两个输入电压的差值放大指定的增益，以上电路在仪器仪表信号的放大电路中多见，此电路的输入阻抗非常高，对前级不取电流，不影响前级电压，适合微弱信号的放大。为了达到精密放大，某些芯片将此类结构的高输入阻抗运算放大器和周边电阻做成一体，只留下电阻 R_g 外接，用作设定放大增益，此类芯片称为仪用放大器。如图 2.13 所示为仪用放大器 INA121 的内部电路结构。

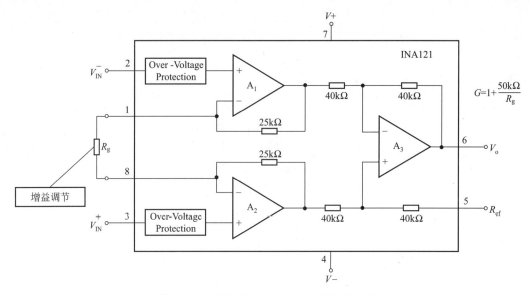

图 **2.13** 仪用放大器 **INA121** 内部电路结构

（8）电流-电压变换电路

如图 2.14 所示电路，是一个工业控制中常用的检测 $0 \sim 20mA$ 或 $4 \sim 20mA$ 输入电流信号的电路，电流从 100Ω 取样电阻 R_1 流过，在电阻两端产生跟电阻值成正比的电压差，因为虚断，流过 R_2、R_5 的电流相同，流过 R_3、R_4 的电流相同，因为虚短，9 脚与 10 脚电压相等。

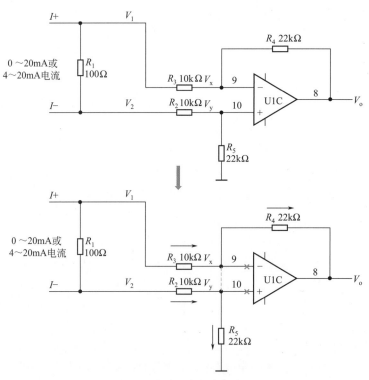

图 **2.14** 电流 - 电压变换电路

由虚断和电阻串联分压知：$V_y=V_2\times\dfrac{R_5}{R_2+R_5}$

同理，$\dfrac{V_1-V_x}{R_3}=\dfrac{V_x-V_o}{R_4}$，所以：$V_x=\dfrac{V_1R_4+V_oR_3}{R_3+R_4}$

由虚短知：$V_x=V_y$，图中，$R_2=R_3=10\text{k}\Omega$，$R_4=R_5=22\text{k}\Omega$，
整理得：

$$V_o=-2.2（V_1-V_2）$$

由此推导关系知道，当输入是 4 ～ 20mA 电流时，电阻 R_1 上产生 0.4 ～ 2V 电压（通过其它电阻分流的电流非常小，可以忽略不计），V_o 输出一个反相的 -0.8 ～ -4.4V 电压，此放大电压控制后级 ADC（模数转换器）可识别的范围。

（9）电压 - 电流变换电路

电流可以转换成电压，电压也可以转换成电流。图 2.15 就是这样一个电路。此图的负反馈没有通过电阻直接反馈，而是串联了三极管 Q1 的发射结，只要是负反馈，同相反相输入端虚短的规律仍然是符合的。

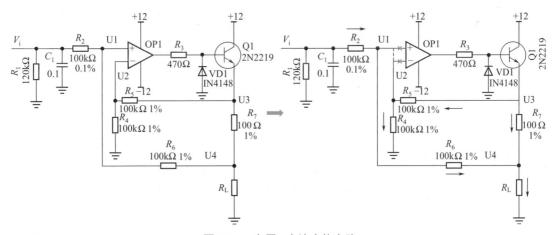

图 2.15　电压 - 电流变换电路

由虚断知，运放输入端没有电流流过，结合串联电阻分压原理
则：

$$\frac{V_i-V_1}{R_2}=\frac{V_1-V_4}{R_6}$$

同理：

$$\frac{V_3-V_2}{R_5}=\frac{V_2-0}{R_4}$$

由虚短知：$V_1=V_2$。
如果 $R_2=R_6$，$R_4=R_5$，则由以上方程组得：$V_i=V_3-V_4$。
上式说明 R_7 两端的电压和输入电压 V_i 相等，则通过 R_7 的电流 $I=V_i/R_7$，如果负载 R_L 远小于100kΩ，则通过 R_1 和通过 R_7 的电流基本相同，也就是说，当负载 R_L 取值在某个范围内时，其电流是不随负载变化的，而是受 V_i 所控制。

（10）三线制热电阻接口电路

如图 2.16 所示，是一个三线制 Pt100 前置放大电路。Pt100 传感器引出三根材质、线径、

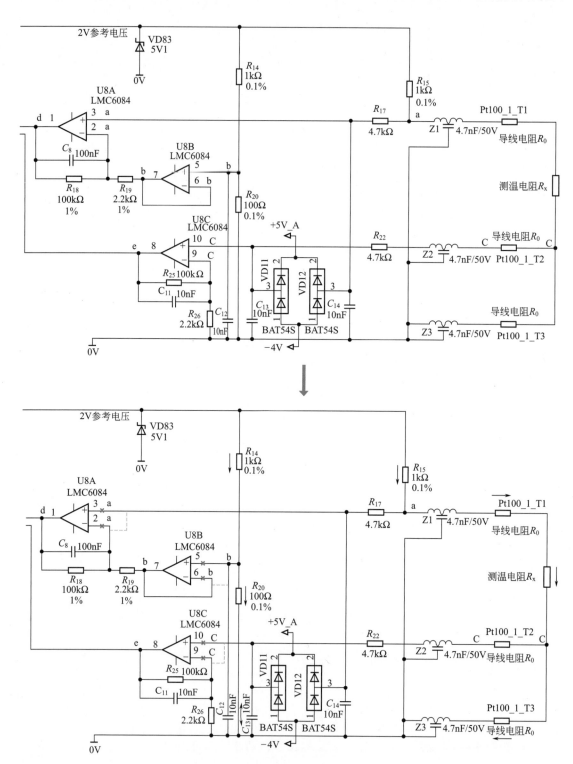

图 2.16　三线制热电阻接口电路

长度完全相同的导线，接法如图所示。有 2V 的参考电压加在由 R_{14}、R_{20}、R_{15}、Z1、Pt100 及其线电阻组成的桥电路上。Z1、Z2、Z3、VD11、VD12、VD83 及各电容在电路中起滤波和保护作用，静态分析时可不予理会，Z1、Z2、Z3 可视为短路，VD11、VD12、VD83 及各电容可视为开路。根据虚短和虚断原理，图中所有标注一样的点的电压是相等的，如标注 a 点的电压是相等的。由串联电阻分压公式知 b 点电压为：

$$V_b = 2 \times \frac{R_{20}}{R_{14}+R_{20}} = \frac{200}{1100} = \frac{2}{11}$$

由虚断知，U8A 第 2 脚没有电流流过，则流过 R_{18} 和 R_{19} 上的电流相等。则：

$$\frac{V_d-V_a}{R_{18}} = \frac{V_a-V_b}{R_{19}}$$

在桥电路中 R_{15} 和 Z1、Pt100 及线电阻串联，Pt100 与线电阻串联分得的电压通过电阻 R_{17} 加至 U8A 的第 3 脚，

$$V_a = 2 \times \frac{R_x+2R_0}{R_{15}+R_x+2R_0}$$

以上联立方程得：

$$V_d = \frac{102.2 \times V_a - 100 \times V_b}{2.2}$$

即：

$$V_d = \frac{204.4(R_x+2R_0)}{1000+R_x+2R_0}$$

上式输出电压 V_d 是 R_x 的函数。

我们再看线电阻的影响。Pt100 最下端线电阻上产生的电压降经过中间的线电阻、Z2、R_{22}，加至 U8C 的第 10 脚，由虚断及电阻分压公式知：

$$V_c = 2 \times \frac{R_0}{R_{15}+R_x+2R_0} \ , \ \frac{V_e-V_c}{R_{25}} = \frac{V_c-0}{R_{26}}$$

综合得：

$$V_e = V_c \times \frac{102.2}{2.2} = \frac{204.4R_0}{2.2(1000+R_x+2R_0)}$$

由 V_d、V_e 组成的方程组知，如果测出 V_d、V_e 的值，就可算出 R_x 及 R_0，知道 R_x，查 Pt100 分度表就知道温度的大小了。

运算放大器和比较器电路分析维修总结

以上分析表明，只要抓住"虚断"和"虚短"这一分析运算放大器的核心利器，我们都可以弄明白各种放大器应用的原理。如果维修有图纸的类似模拟电路，有没有问题一测电压便知。这对于维修大量相同的电路板测绘了图纸以后的维修非常有意义，关键电压测试快而精准，故障点定位非常方便。

2.3 接口电路

我们将接口电路分为数字接口电路、模拟接口电路和通信接口电路。工业控制对可靠性要求很高，工业电路板接口电路设计要尽可能地考虑各种电磁干扰，考虑各种预案下如过热、过电压、过电流的保护措施。

数字量的输入几乎都采用了光耦（光电耦合器），根据输入信号的频率大小要求不同，会采用不同频率性能的光耦。数字量的输出，根据输出负载的大小、响应时间或电气隔离要求，会采用晶体管输出或继电器输出形式。

模拟接口方面，电路设计者针对不同的物理量检测或控制的具体指标性能要求，会采用与之匹配的电路。如温度检测电路，包括热敏电阻检测电路、热电偶检测电路、铂电阻检测电路、红外线温度检测电路等。而铂电阻检测电路根据精度要求不同又可设计为两线制检测、三线制检测、四线制检测的电路形式。笔者将会针对这些典型电路分析讲解，我们在实际维修中碰到的电路也大抵囊括在这些范围内。对这些电路有了比较深入的了解后，在维修时只要举一反三，稍加比对便知其来龙去脉，维修便有了目标和重点。

通信接口方面，重点是要了解各类通信接口、总线的物理定义和要求，如 RS232、RS422/485、Canbus 等。要熟知一些常用芯片的工作原理，在维修工作中碰到类似的芯片时，脑海中必定回想起它的典型电路形式，检修方案也就是水到渠成的事。

（1）PLC 输入接口电路

图 2.17 是笔者测绘的一款 OMRON PLC 的数字量输入部分的电路图。此电路的 PLC 输入公共端使用的是 24V，则当某个输入端与 0V 短接时，对应的光耦内部 LED 得电，光耦内部的三极管导通，输出变为低电平送后级电路处理。我们看到，在每一个给定信号的回路中，串联了三个电阻，并且反向并联了一个二极管，这可以保护光耦内部的 LED 正向电流不至于过大，反相电压不至于过高造成对光耦的损坏，另外每个回路中还串联了一个用于指示有无输入信号的发光二极管。

PLC 输入接口电路的分析检测维修方法总结

常见 PLC 或者变频器等的数字量输入都大抵如图 2.17 结构所示，改变的无非光耦的型号、所需电压及输入信号是高电平有效还是低电平有效，都是最终提供给光耦一个电流信号，在光耦另一端得到开关信号。如果单独针对各个元器件测试，稍显烦琐耗时，而且有线路断开情况时也不太好检查，而总体模拟测试，逐个在输入端加上信号检测才是确认输入电路有否存在故障的有效方法。总体测试时可以根据光耦输入的公共端及各输入的接入情况来施加电压。

（2）PLC 输出接口电路

图 2.18 是一款 OMRON PLC 的数字量输出部分的电路图。由内部数字逻辑电路过来的 TTL 电平信号经串联电阻加到达林顿驱动芯片 TDG62001P 的输入端，对应的输出端输出一个对地短接信号，继电器得电，触点闭合。一般继电器输出方式都在继电器线圈上并联一个续流二极管，以避免继电器线圈断开时产生的反峰高压对电路其它器件的损害，此图中达林

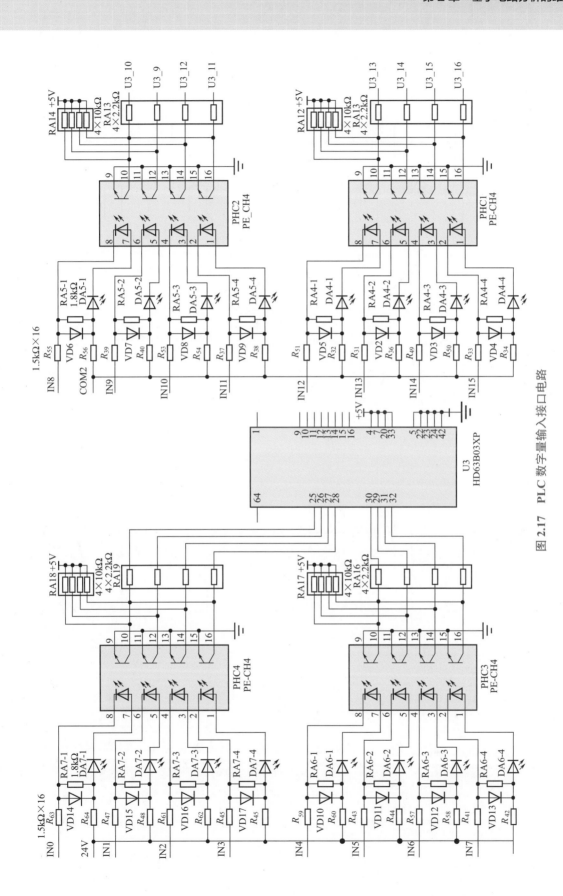

图 2.17　PLC 数字量输入接口电路

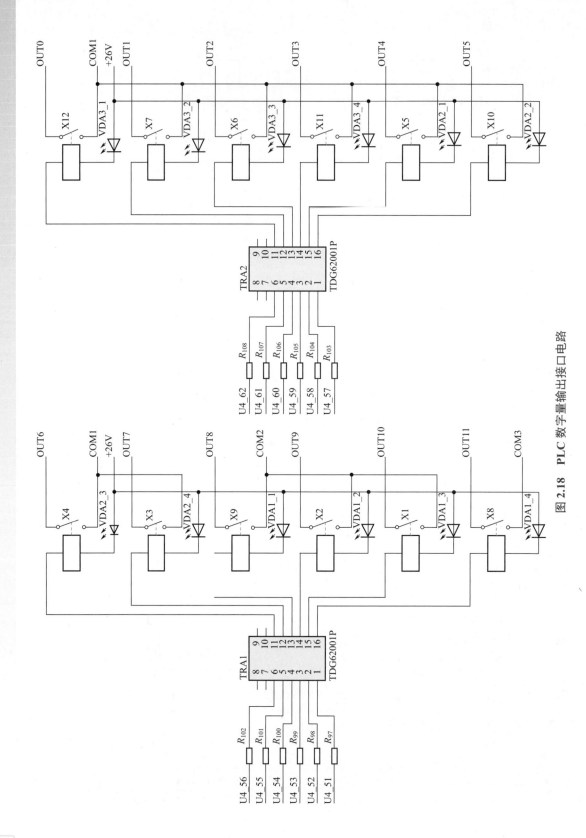

图 2.18 PLC 数字量输出接口电路

顿驱动器已经内置续流二极管，所以继电器线圈没有再并联二极管。数字量的输出在对控制响应速度不高的情况下使用继电器，对控制响应要求高时则会使用光耦或晶体管，如果要控制强电，则可能使用带可控硅的光耦。晶体管输出有两种形式，如图 2.19 所示，对应的负载接线方法也不相同，测试时要注意。

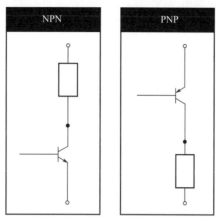

图 2.19 晶体管输出的两种形式

PLC 输出数字接口电路的分析检测维修方法总结

PLC 输出数字接口问题多是某一个或几个输出点不能正确输出，一般是相应的输出继电器或晶体管出现问题，如果继电器没有问题，可能是驱动继电器的达林顿芯片出现问题，这些检测都比较容易。

传感器检测到的非电物理量如温度、压力、速度、光强、角度等信号，最终都会变换成电压、电流的形式，为了方便接入，在工业应用中会形成一系列的接口规定标准，如测量温度的热电阻 Pt100 和 Pt1000 标准，测量电流的 0 ～ 20mA 或 4 ～ 20mA 标准，在维修实践中我们会碰到许多涉及此类应用的电路。

（3）热电阻接口电路

热电阻是随着温度变化而阻值呈现有规律变化的一类传感器，对应的测温接口电路有所谓二线制、三线制和四线制。

我们知道，热电阻是有引线的，引线电阻会引入测量误差，二线制则不考虑这个误差，所以精度会是个问题，如图 2.20（b）是理想的二线制电桥测温电路，R_t 的变化引起电桥输出电压 V_o 的变化，实际的等效电路如图 2.20（a）所示，接入电桥的实际电阻是引线电阻 R_{11} 和 R_{12} 和热电阻 R_t 的串联值，所以这种电路要想取得精确测量值，要在后级电路或程序中加入校正，比较麻烦且不稳定（引出导线的阻值还可能受温度影响）。

图 2.20（c）是三线制接法，热电阻引出三根相同材质、线径及长度的导线，即保证 $R_{11}=R_{12}=R_{13}$，电路可以测得 R_{13} 的阻值，因而可以在后级程序处理时将测得的 R_t 与 R_{11}、R_{12} 的串联电阻值减去 2 倍 R_{13} 的电阻值即可。前面介绍的运算放大器电路中便有三线制的测温电路，大家可以回头看一下。三线制的接法理论上可以消除引线的影响，但实际上三根线还

是存在差异，不好完全消除。

图 2.20（d）是四线制测温电路接法，热电阻接入四根线，其中两根提供热电阻一个恒流源，于是在热电阻两端产生跟阻值成正比的电压差，再将此电压差引入到运算放大器的输入端放大处理，由于运放的虚断特点，这个电压差将不会在 R_{12}、R_{13} 上产生压降，因而可以原原本本地反映热电阻 R_t 的阻值大小。

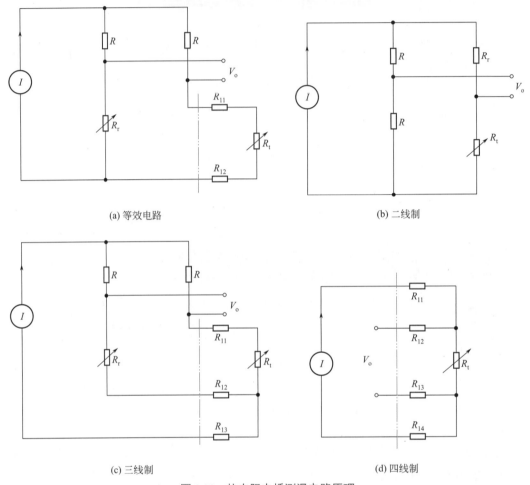

(a) 等效电路   (b) 二线制

(c) 三线制   (d) 四线制

图 2.20　热电阻电桥测温电路原理

（4）四线制测温应用电路

图 2.21 是一个用于四线制测温的专用芯片电路，分析这个芯片的工作原理可以很好地理解四线制的测温电路。ADT70 内部包含一个仪用放大器、一个运算放大器、一个 2.5V 基准电压源，两个对称输出式电流源。其中一个电流源输出串联一个 1000Ω 参考电阻，在节点 C 和 D 之间产生电压降，另一电流源输出串联热电阻 PRTD，在节点 A 和 B 之间产生电压降，同时 B 点电压接到运算放大器的同相输入端，D 点电压接到同相放大器的反相输入端，因为"虚短"，B 和 D 的电压相等，那么加在仪用放大器两个输入端之间的电压差即是恒流源通过参考电阻产生的电压与恒流源通过热电阻产生的电压的差值，这一电压差值与热电阻和参考电阻的电阻差成正比，因为虚断，连接热电阻到运放输入端之间的连线没有电流，只取电压，所以引线不会构成对热电阻测量的影响，测量的精度能够很好保证。ADT70 内

置的仪用放大器将电压信号放大后，从 OUT$_{IA}$ 端子输出，再送其它电路。处理外接在 RGA 和 RGB 端子上的 50kΩ 电阻决定仪用放大器的增益。

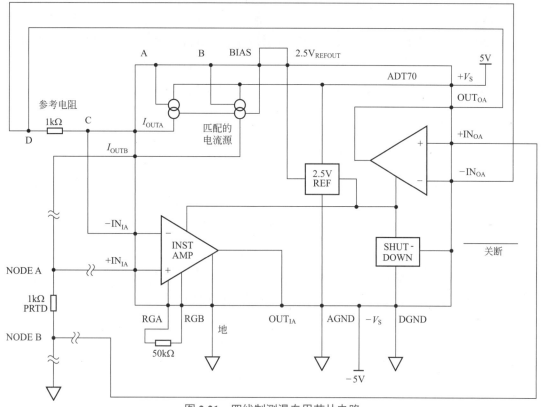

图 2.21　四线制测温专用芯片电路

由以上介绍的热电阻不同测温电路看出，二线制测温只需两根引线，但精度不高，只用于连接线短、测温要求不高的场合；三线制测温精度可以，但需三根引线，而且须保证三根引线线径、材质、长度一致才可达到精度要求；四线制测温精度最高，且对引线的要求不高，但接线需四根。一般情况下，如果测温点较多，使用的导线成本增加明显，故障隐患也会随之增加。

（5）二线制变送器电路

理论上电流源的内阻为无穷大，同一个回路内的元件通过相同大小的电流，利用这一特点，工业上广泛采用 4 ～ 20mA 电流环路来传输模拟信号。电流取 20mA 上限是因为 20mA 电流的通断引起的火花能量较小，不足以引燃瓦斯。电流取 4mA 下限是为了检测断线，电流最小输出 4mA 电流，环路断线故障时降为 0，常常取电流低于 2mA 作为断线报警值。

图 2.22 是二线制变送器的组成示意图，图 2.23 是用低成本元件组成的实用变送器电路。图中 GND 并非电源负极，而是"悬浮"的。电流从电源正极流出，分为三路，一路供给运放，提供运放的工作电压，一路供给三极管 Q1，另一路供给电阻 R_5 和稳压芯片 U1 串联组成的稳压电路。稳压芯片的稳压值为 2.5V，连接到运放 OP2 的同相输入端，因为"虚短"，在 OP2 的反相输入端也得到 2.5V 电压，从而在其输出端得到 $V_{cc}=2.5\times(1+R_3/R_4)$，这

个电压具备一定的带负载能力，可作为传感器及调理电路的电源。由传感器及调理电路输出的信号串联了电阻 R_1 加在运放 OP1 的同相输入端，因为"虚短"，OP1 的同相反相输入端电压相等，为 GND 地电位。因为"虚断"，通过 R_1 和 R_2 的电流相等，R_1 和 R_2 的阻值相同，为 100kΩ，那么电流在两电阻上产生的压降也就相同，A 点为地电位，于是在 B 点就得到 $-0.4 \sim -2\text{V}$ 的电压，那么通过 R_s 的电流就是 $4 \sim 20\text{mA}$。整个环路的电流是通过 R_2 的电流和通过 R_s 的电流之和。通过 R_2 的电流可以计算得到是 $4 \sim 20\mu\text{A}$，这个电流是通过 R_s 电流的千分之一，可以忽略不计，因而可以视作整个回路电流控制在 $4 \sim 20\text{mA}$。

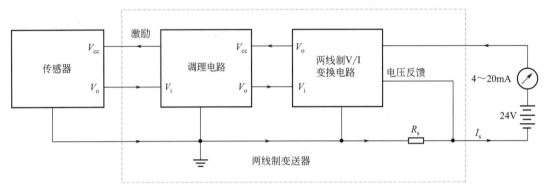

图 2.22 二线制变送器组成示意图

图 2.23 理解的难点是运算放大器 OP1 的负反馈。一般理解的负反馈是在运放的反相输入端和输出端之间直接跨接有电阻，其实真正的负反馈可以这样理解：如果同相反相输入端有增加电压差的趋势，而反馈使得电压差趋于减小，那么这个反馈就是负反馈。图 2.23 中，A 点电压升高 → OP1 输出电压升高 → Q1 基极电流增加 → 电源正、Q1、R_e、R_s、电源负组成的回路电流增加 → B 点电压降低 → 流过 R_1、R_2 的电流增加 → A 点电压降低，明显这是一个负反馈过程。

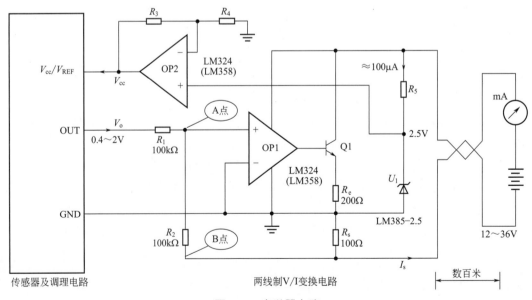

图 2.23 变送器电路

图 2.24 是采用集成芯片 XTR115/XTR116 的二线制变送器电路，其工作原理与先前介绍的分立元件组成的完全相同，只是功耗更小，精度和非线性指标更优。

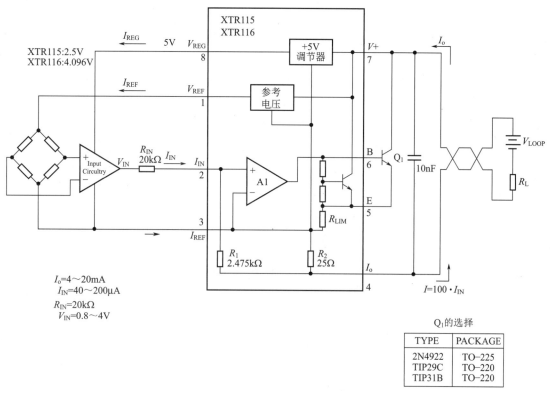

图 2.24　二线制变送器电路

（6）热电偶信号采集电路

热电偶输出的是一个 mV 级的电压信号，电压大小反映了温度的高低，图 2.25 是一个多路热电偶信号采集电路，一共有 8 路信号，每路热电偶信号的负端为公共端，接在一起，正端分别接在 8 路模拟开关 4051 的输入端，引脚 A、B、C 是地址选择信号，由 CPU 控制什么时候选择某一路输入，则输出信号即是此路输出信号。信号加到运放 IC2A 的同相输入端，R_{14} 是电荷泄放电阻，防止分布电容在运放第三脚积聚电压引起信号延迟和误差，R_{18} 是负反馈电阻，C_{22} 对高频干扰相当于短路，在电路中也有负反馈作用。可以计算，此放大器对信号放大了 25 倍，放大后加至电位器 RP3，电位器将信号调整至合适的电平，经电压跟随器 IC2B 提高驱动能力输出到串联电阻 R_{12} 以后再送后级模数转换器处理。

带温度、电流接口的电路板维修后需要验证，如果携带至现场验证，显然不是很方便，如果在维修间就可以完全模拟验证就省心多了。对应热电阻的模拟验证，可以找一个多圈可调电阻，例如对应 Pt100 可以找一个 500Ω 可调电阻，将电阻调节成适当阻值，使用数字电桥测试阻值（切勿使用万用表，不精确），做好记录，然后将可调电阻代替 Pt100 接入电路，注意不要连接长导线。如果电路板有温度显示，记录下此时的温度，对比阻值与 Pt100 分度表，观察是否一致。

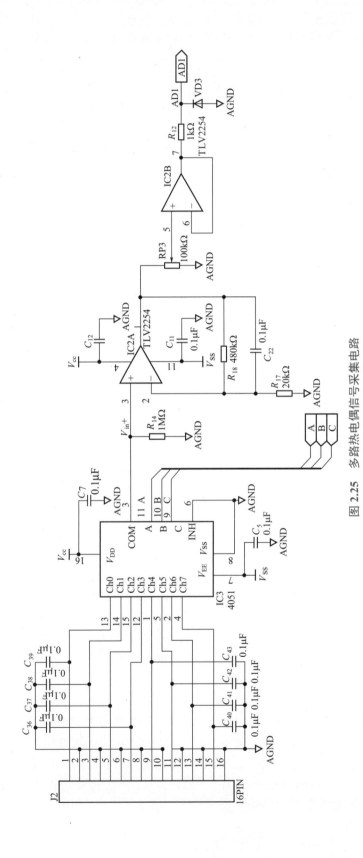

图 2.25 多路热电偶信号采集电路

如果电路板是电流输入输出接口，或者是热电偶接口，则可以配备一个信号发生器，如图 2.26 所示。该发生器可以编程输出电压、电流信号、热电偶信号给电路板输入接口，也可以测量电路板输出接口一定范围的电压和电流。

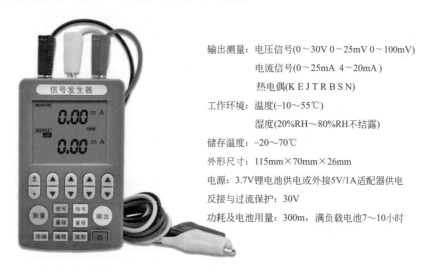

输出测量：电压信号(0～30V 0～25mV 0～100mV)

电流信号(0～25mA 4～20mA)

热电偶(K E J T R B S N)

工作环境：温度(−10～55℃)

湿度(20%RH～80%RH不结露)

储存温度：−20～70℃

外形尺寸：115mm×70mm×26mm

电源：3.7V锂电池供电或外接5V/1A适配器供电

反接与过流保护：30V

功耗及电池用量：300m, 满负载电池7～10小时

图 2.26　信号发生器

（7）RS232 接口电路

RS232 串行通信的每一个接口信号都是负逻辑关系，即逻辑"1"用 −15 ～ −5V 表示，逻辑"0"用 +5 ～ +15V 表示，而内部 TTL/CMOS 电平却是正电压表示高电平，0V 表示低电平，所以必须使用转换电路才可将两者关联。图 2.27 就是工控电路中常见的 RS232 通信转换电路，此类芯片通过内部的振荡电路和外界电容组成电荷泵（charge pump）电路，将芯片的电源变换得到 ±10V 左右的电压，由此满足接口电路所需的电压条件。

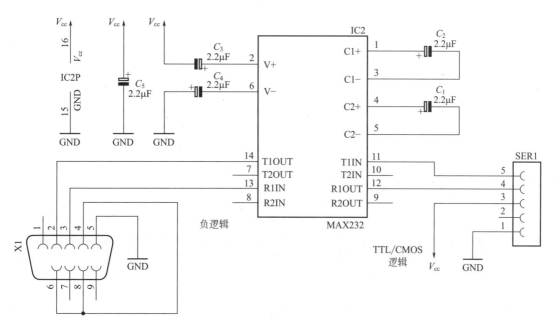

图 2.27　RS232 通信转换电路

检测方法：将 RS232 端的输入与输出连接，例如连接图 2.27 所示 X1 端子的 2、3 脚，通电后，再测试 TTL/CMOS 端的信号输入脚 11 电平，应该与信号输出脚 12 脚一致。

（8）RS422/485 接口电路

随着智能仪表对数据通信的要求，出现了 RS422/485 工业标准的通信接口，不但抗干扰能力强，信号传输距离远，而且 RS485 可以接成总线连接形式，可实现多点之间的数据通信。RS422 使用两对屏蔽双绞线，可实现全双工通信；RS485 只要两根屏蔽双绞线，可实现半双工通信，RS485 总线可挂接最多 32 个通信节点。

图 2.28 是半双工接口芯片及其连接方法。此类芯片都使用差动方式来收发数字信号，即通过判断和输送两根双绞线 A、B 之间的电压差来决定信号是逻辑"1"还是逻辑"0"，此类芯片是半双工的，对每一个芯片来说，这两根线既要接收信号，又要发送信号，但不能同时进行，要通过处理器控制发送允许信号 DE 和接收允许信号 RE 来分时发送和接收。

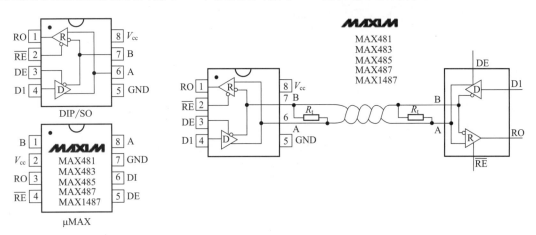

图 2.28 半双工接口芯片及连接

图 2.29 是全双工的接口芯片，需要两对双绞线，分别用于接收和发送，接收和发送可以同时进行，互不干扰。

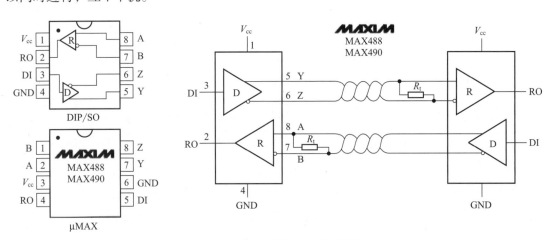

图 2.29 全双工的接口芯片及连接

图 2.30 是此类芯片的逻辑关系，发送信号，如果想要输出逻辑"1"，内部将 DI 信号置"1"，则 Y 输出高电平，Z 输出低电平；如果想要输出逻辑"0"，内部将 DI 信号置"0"，则 Y 输出低电平，Z 输出高电平。接收信号，双绞线差分信号电压 A-B ≥ +0.2V，则 RO 输出逻辑"1"信号；A-B ≤ -0.2V，则 RO 输出逻辑"0"。图 2.29 中在双绞线上的靠近芯片接收端一侧并联了一个电阻，此电阻是用于传输线路的阻抗匹配，以消除信号的反射。

发送信号

INPUTS			OUTPUTS	
$\overline{RE}$	DE	DI	Z	Y
×	1	1	0	1
×	1	0	1	0
0	0	×	High-Z	High-Z
1	0	×	High-Z*	High-Z*

× 表示无意义
High-Z 表示高阻抗
* 对MAX481/MAX483/MAX487为关闭

接收信号

INPUTS			OUTPUTS
$\overline{RE}$	DE	A-B	RO
0	0	≥+0.2V	1
0	0	≤ - 0.2V	0
0	0	Inputs open	1
1	0	×	High-Z*

× 表示无意义
High-Z 表示高阻抗
* 对MAX481/MAX483/MAX487为关闭

图 2.30　RS422/485 接口芯片逻辑关系

图 2.31 是一个实用的 RS422/485 通信电路。

半双工的收发器芯片 MAX483E 是通信电路的核心芯片，差分信号线 A、B 分别串联一个电阻和一个可自恢复保险丝连接到总线，串联电阻和可自恢复保险的目的是限制短路电流，当总线短路时不至于使得 MAX483E 的 6、7 引脚短路，当 MAX483 的 6、7 脚节点短路时又不至于使得总线短路。齐纳二极管 VD31、VD32 起过压保护作用，当总线窜入过高电压（超过 5.1V）时，二极管对地短路，防止高电压加至 MAX483E。R_{61} 是防止信号反射的阻抗匹配电阻，是否启用视工业现场的具体情况，可通过跳线 J2 来设定。

接收总线信号时，$\overline{RX\_EN}$ 接地低电平设置为一直有效，RX 一直有信号输出，信号通过排阻 RB12，保护二极管 VD33 接光耦 U22 的输入端，信号经光耦隔离从第 7 脚输出 RXD_2 信号，此信号送后级处理器处理。

发送信号时，由处理器来的发送使能信号 TX_EN_2 通过光耦 U20 隔离后将 U21 的使能端 TX_EN 置高，同时，输出信号 TXD_2 也通过光耦隔离后送 U21 的发送信号端 TX，差动输出端 A、B 便输出相应的差动信号去总线。

RS485 电路的检修方法

8 脚的 RS485 芯片，通常是如图 2.32 所示引脚排列，6、7 脚是差分信号线 A、B，直接连接到通信端子接口或者串联一个保险电阻（图中 R_{10}、R_{11}），再连接到通信端子。通常 A、B 之间或 A、B 与地之间还并联了钳位保护二极管或者 TVS（图中 VD1、VD2），另外，为了平衡阻抗，在 A、B 之间还连接了一个 120Ω 电阻（图中 R_8）。

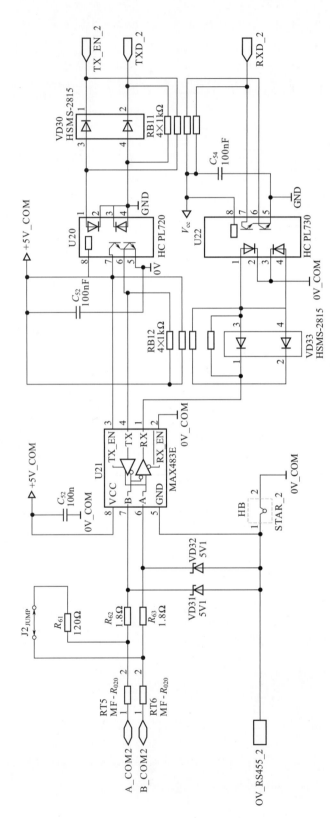

图 2.31　RS422/485 通信电路

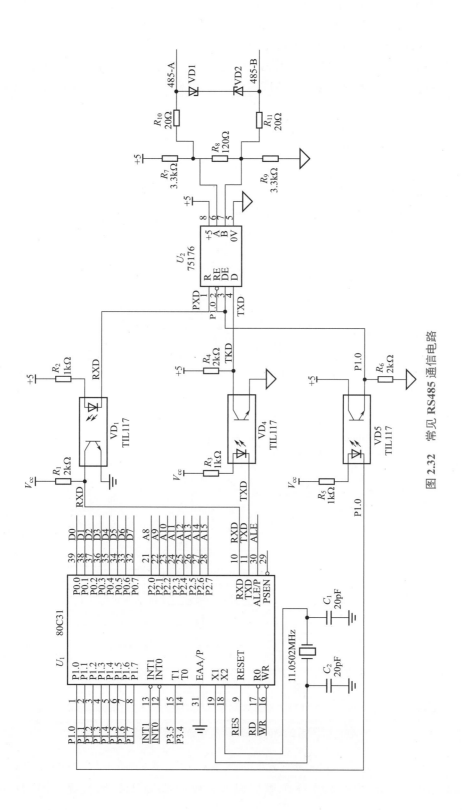

图 2.32 常见 RS485 通信电路

此类通信电路发生故障，首先应该检测 A、B 线有没有连接至通信端子，使用万用表通断挡测试，直接测量 RS485 芯片 6、7 脚有没有与端子连通，因为联网的所有 RS485 芯片短路损坏，串联的保险电阻都首当其冲，容易过流损坏。其次再测试 A、B 对地和电源端的电阻值，测试 A、B 之间的电阻值，因为联网通信，过压会造成钳位二极管首先击穿损坏，如果电路没有接钳位二极管，过压会造成芯片直接损坏，损坏一般都以对地或电源击穿短路为常见。

如果以上检测都正常，则要怀疑芯片本身是否损坏，可以拆下芯片，使用集成电路测试仪对芯片进行测试。如果芯片也没有问题，就要怀疑主控板的信号通路及主控板本身程序是否运行正常。

（9）Canbus 接口电路

图 2.33 是 Canbus 总线通信接口电路。

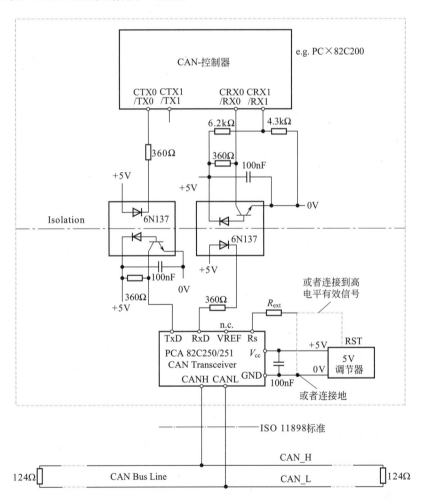

图 2.33　Canbus 总线通信接口电路

发送数据的情形：Canbus 协议控制器通过串行数据输出线 TX0 和光耦输入端连接，如 TX0 是逻辑"1"高电平，则光耦 6N137 内 LED 不导通发光，因为上拉电阻的作用，光耦输出高电平至收发器 PCA 82C250/251 的 TxD，此时，收发器的总线电平

CANH=CANL=2.5V；如 TX0 是逻辑"0"低电平，则光耦 6N137 内 LED 导通发光，光耦输出低电平至收发器 PCA 82C250/251 的 TxD，此时，收发器的总线电平 CANH=3.5V CANL=1.5V 两根线有 2V 的电压差。

接收数据的情形：如果总线上 CANH=CANL=2.5V，RxD 输出高电平，接收隔离光耦内部 LED 不导通发光，输出因为上拉电阻的作用为高电平，即 Canbus 协议控制器的 RX0 脚收到逻辑"1"高电平；如果 CANH 和 CANL 有超过一定的电压差，则通过光耦隔离传输后在 Canbus 协议控制器的 RX0 脚收到逻辑"0"低电平。

PCA 82C250/251 的 Rs 端串接电阻后连接 +5V 或 0V 以对应不同传输速度的模式。

网络两端的电阻用来平衡电路阻抗，防止信号反射。

Canbus 接口电路的检修

　　Canbus 接口电路检修方法与 RS485 类似，最容易出故障的也是 CAN_H 线和 CAN_L 线对电源和地短路。在线测试 CAN 芯片大致是否正常，可以通过测试芯片的数据收发脚 TxD 和 RxD 电平是否一致来判断，不一致则损坏（总线处于静态未联机情况下测试）。也可以将芯片从电路板取下，使用集成电路测试仪测试 CAN 芯片的功能。而 CAN 协议控制器芯片只能通过更换芯片来确定。

2.4　电源电路

　　电源是电路系统中损坏概率最大的部分，所以针对电源的维修量也是最大的，掌握了电源的维修也就能够胜任很大一部分维修工作。

　　电路系统正常工作时需要稳定的直流电源，系统各部分对电压、电流的要求也不一样，这就产生了各种各样的电源变换形式，其中，高效节能的开关电源占据着工控电路板电源的主流。

（1）整流电路

　　整流电路可将交流电变成一个方向的脉动直流电，常见的整流方式有半波整流、全波整流和桥式整流形式。如图 2.34 所示。

整流电路的检修

　　整流电路常见故障是二极管击穿短路或开路，可以使用数字万用表二极管挡测试，先以整流输出正极接黑表笔，红表笔分别点测各交流输入端，观察万用表显示二极管正向导通电压 0.5 ～ 0.7V，几个交流输入端应该都差不多，如果显示短路或开路，或者正向导通电压差异过大，则说明相应的二极管有问题。然后以输出负极接红表笔，黑表笔点测交流输入端，也显示相同的二极管正向导通电压 0.5 ～ 0.7V。

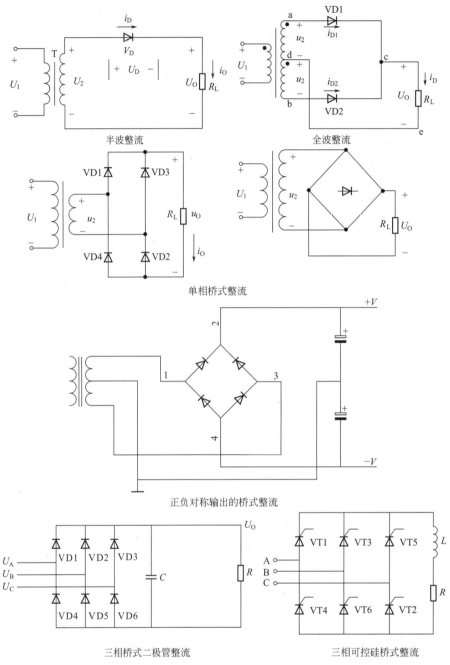

半波整流

全波整流

单相桥式整流

正负对称输出的桥式整流

三相桥式二极管整流

三相可控硅桥式整流

图 2.34　各种整流电路形式

（2）线性串联型稳压电源

　　线性稳压电源电路通过调节串联的调整晶体管的功耗来达到输出电压的稳定，因为调整管本身要消耗部分能量，所以此类电源效率不高，但可以做成三端集成电路的线性稳压电路芯片，由于外部结构简单，使用方便，所以在小功率的稳压电源应用中是很常见的。

　　常见的传统三端线性稳压芯片有固定电压输出形式的 78xx、79xx 系列芯片，可调电压输出的 LM317、LM337 芯片，另外还有低压差线性稳压器，如 AMS1117、LM337、

LM7905、LM7805 等。这些芯片的接法如图 2.35 所示。

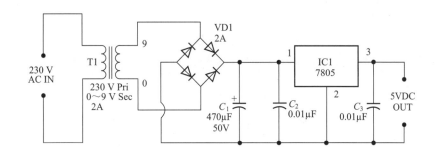

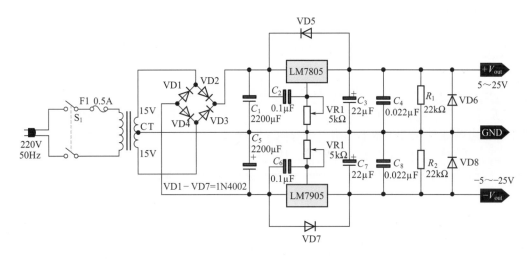

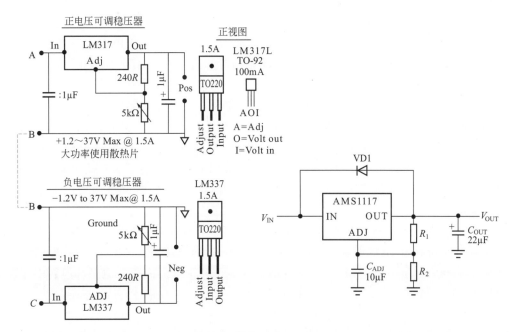

图 2.35　线性稳压芯片接法

线性稳压电源的检修

线性稳压电源可以在线直接在前级和公共端通电测试。通电前先确认稳定的电压值，再使用可调电源，以适当高出几伏电压通电。例如，LM7805 前端可以给 8V 电压，LM7915 前端可以给 −20V 电压，然后测试输出是不是该电路的稳压电压。有些稳压电路需要多少带些负载才会输出正确的电压，这种情况需要注意，以免误判。另外也要注意电路上电解电容是否老化，如果老化，测试时可能电路没有问题，但带上实际负载后可能就会出问题。

（3）开关电源的几种拓扑结构

开关电源利用电子开关控制电感电容充放电，并以输出电压反馈来自动控制前级，从而达到稳定输出电压的目的。以下就开关电源的几种结构和具体电路形式加以介绍。

① BUCK（降压）电路

图 2.36 是 BUCK 电路基本结构及具体应用电路。图 2.36（a）中，Q1 为受控电子开关，当 Q1 开启时，通过 V_{dc} 电压正极→开关管 Q1 →电感 L_o → C_o 和负载→地，形成充电以及耗电回路，L_o 电流线性增加，储存能量，电容 C_o 也积累电荷，电压升高，输出电压 V_o 经 R_1 和 R_2 分压采样和参考电压 Vref 进行比较，比较的结果用于控制 Q1 的关断和导通。当 Q1 关断时，L_o 电流不会突然消失，而会继续按照原来的方向线性减小，开始释放能量，电流方向是 L_o → C_o →地→ VD1，以及 L_o →负载→地→ VD1。

图 2.36（b）中控制芯片内置一个 52kHz 的振荡器，驱动芯片第 2 脚输出一定占空比的电压脉冲，经由外接元件 VD1、L_1、C_{out} 组成的滤波电路滤波后得到稳定的直流电压供给负载。负载电压 V_{out} 反馈到控制芯片，与内部参考电压进行比较后控制输出占空比，使得输出电压总是稳定。

其工作过程大致为：输入 V_{in} 给定电压后，芯片内部的稳压电路得到 3.1V 工作电压，如果芯片使能引脚第 5 脚为低电平，内部振荡器起振，首先控制内部开关管开启，此时形成两个回路，一个回路是：$+V_{in}$ →开关管→ L_1 → C_{out} →地，另一个回路是：$+V_{in}$ →开关管→ L_1 →负载→地，此时电感电流增加，电容两端的电压上升，部分能量被存储在电感 L_1 和电容 C_{out} 中，然后开关管被控制关断，此时 L_1 电流不会突变，电流继续在 L_1 →负载→地→ VD1 → L_1 这个回路中流动，L_1 给负载提供能量，同时，C_{out} →负载→地→ C_{out} 回路中，电容给负载提供能量，如此循环若干周期后，输出电压趋于稳定。外接负载大小若有变化，立刻在输出电压上表现出来，反馈的电压随即去芯片内部控制调整输出占空比，最终使得电压稳定。

图 2.37 是大电流输出 BUCK 稳压电路，LM2576 输出高电平时，IR2111 控制上端 MOS 管开启，控制下端 MOS 管关断，24V/48V 电压→上端 MOS 管→电感→负载→地 形成的回路及 24V/48V 电压→上端 MOS 管→电感→电容→地 形成的回路在电感和电容中储存能量；LM2576 输出低电平时，IR2111 控制下端 MOS 管开启，控制上端 MOS 管关断，电感电流不能突变，保持原来的流动方向，形成电感→负载→地→下端 MOS 管→电感回路，同时还有电容→负载→地→电容回路，两个回路由电感和电容同时向负载供电。输出电压反馈至 LM2576，调节占空比输出，使得输出电压稳定。

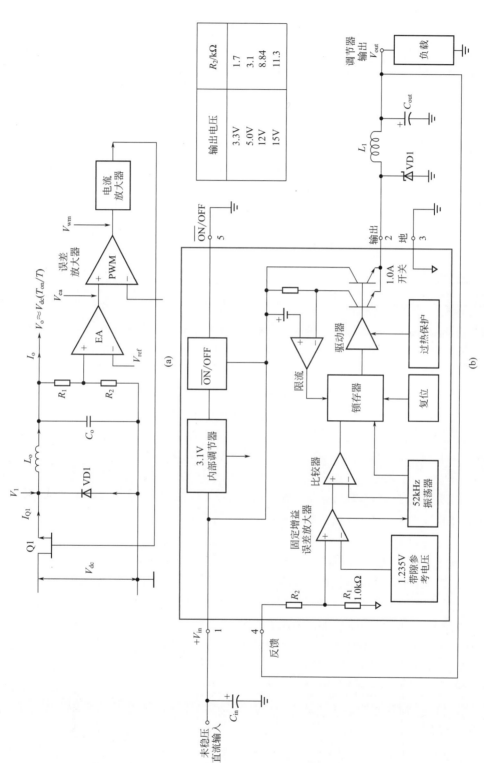

输出电压	$R_2/\mathrm{k\Omega}$
3.3V	1.7
5.0V	3.1
12V	8.84
15V	11.3

图 2.36　BUCK 电路基本结构及具体应用电路

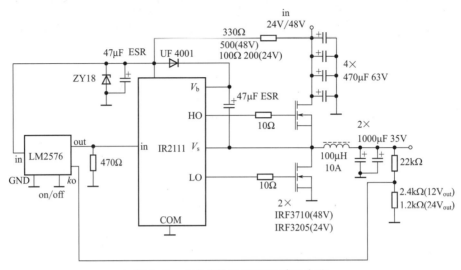

图 2.37　大电流输出 BUCK 稳压电路

BUCK 电路检修

BUCK 电路最常见的故障就是没有输出电压或者输出电压不稳定。

没有输出电压的情况，检测时先不通电，测试输出端对地电阻，不应出现短路或明显偏小情况，如果阻值太小，重点检查负载、输出端电解电容、续流二极管是否有短路。某些 BUCK 电路芯片有一个使能端，如果出现输出没有电压的情况，还应该检查一下使能端的电平有没有允许输出。有一些故障是芯片本身出现了问题，可以更换芯片试试。

电感的损坏一般是过流造成线圈漆包线匝间短路，普通万用表不容易查出来，可以使用数字电桥 10kHz，0.3V 在线测 D 值，如果 D 值＞ 0.2，则判断损坏。

电压不稳定，一般是输出端电解电容变质，可以使用数字电桥在线测试性能确认。

万用表测量电压偏低，原因包括电解电容失效、下端电压采样电阻开路或阻值变大。

输出电压偏高，是由于上端的电压采样电阻开路或阻值变大。

② Boost（升压）电路

图 2.38 是 Boost 电路基本结构及具体应用电路。图 2.38（a）中，Q1 开启后，电源 V_{dc} 给 L_1 充电，L_1 的电流从上端往下流动，呈线性增加，当 Q1 关断以后，L_1 的电流不能突变，继续从上端往下流动，呈线性减小，电流回路分别是 V_{dc} 正极 → L_1 → VD1 → C_o →地，以及 V_{dc} 正极 → L_1 → VD1 →负载 R_o →地。R_1 和 R_2 组成的分压电路，将取样电压与给定电压进行比较，来控制 Q1 开关占空比，从而得到稳定的输出电压 V_o。

图 2.38（b）是 Boost 电路的典型应用电路。控制芯片内置振荡器，外接定时电容 C_T，内部晶体管 Q1 接通时，由 V_{in} → R_{sc} → L → Q1 →地形成的回路给电感 L 充电，电感 L 储能，Q1 断开后，电感 L 的电流不能突变，而是通过回路 V_{in} → R_{sc} → L → 1N5819 → C_o →地释放能量，如果允许，理论上，C_o 的电压可以因为电感的充电效应而继续升高，为了控制输出电压 V_{out}，V_{out} 经过电阻 R_2 和 R_1 分压，电压反馈给芯片第 5 脚控制输出占空比，几个周期后，V_{out} 得到稳定的电压输出。

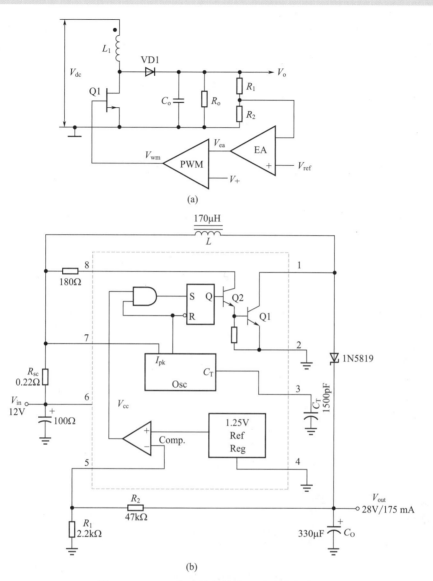

图 2.38　Boost 电路基本结构及具体应用电路

Boost 电路检修方法

Boost 电路的元器件配置与 BUCK 电路差不多，只是元器件的连接方式有所不同，所以检修方法与 BUCK 电路差别不大，只是有时候电路不起振，需关注一下定时电容 C_T。

③反极性 Boost 电路

图 2.39（a）是反极性 Boost 电路的基本拓扑结构。当 Q1 被控制接通时，电流回路从电源 V_{dc} 正极→ Q1 → L_o →地给电感 L_o 充电，电感储能，Q1 关闭后，L_o 电流不能突变，继续有电流回路，L_o → C_o → VD1，L_o 释放能量，C_o 上充得下正上负的电压，所以输出电压 V_o 是一个负压。每一次 L_o 的能量释放，都可以给 C_o 补充电荷，如果 C_o 充电电量大于放电

电量，理论上 C_o 的电压可以无限抬升。R_1 和 R_2 组成的分压电路取样输出电压 V_o 反馈给控制电路控制 Q1，控制占空比，使得输出电压 V_o 保持稳定。

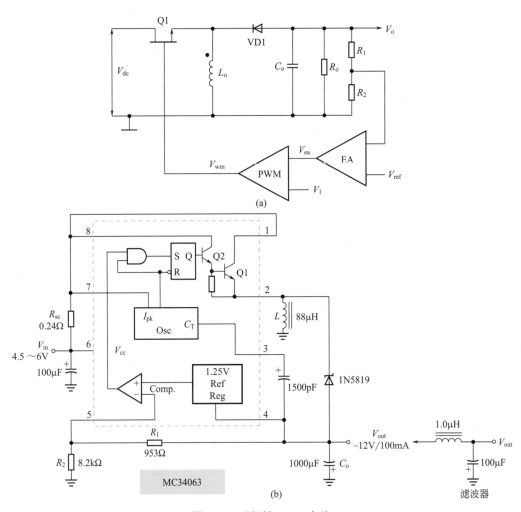

图 2.39　反极性 Boost 电路

图 2.39（b）是反极性 Boost 电路的一款实际应用电路。当芯片 MC34063 内部晶体管 Q1 导通时，电流回路从电源正极 V_{in} → 电流采样电阻 R_{sc} → 内部三极管 Q1 → 电感 L → 地给电感 L 充电，电感储能，当 Q1 关闭后，电感 L 电流不能突变，继续有从上端往下端流动的电流，电流按照电感 L → 地 → 电容 C_o → 二极管 1N5819 方向流动，在此过程中，电感释放能量，电容充得下正上负的电压，几个 PWM 周期后，C_o 上电压 V_{out} 抬升，V_{out} 经电阻 R_1、R_2 分压至 MC34063 第 5 脚控制输出占空比，从而得到稳定的输出电压，这个电压 V_{out} 对地是一个负压，而且电压的绝对值高于输入电压 V_{in}。

> 反极性 Boost 电路检修方法同 Boost 电路。

④ 推挽脉宽调制

如图 2.40 所示，Q1、Q2 是轮流导通的开关管，两个开关管都不导通的时段，称为死区时间。当 Q1 导通时，Q2 截止，电流从 V_{dc} 正极→变压器线圈 N_{p1} → Q1 →地形成回路，线圈 N_{p1} 电流增加使得变压器 T1 的磁通发生改变，磁通的改变在每一组线圈上都感应出相应的电动势，包括 N_{p1} 线圈本身，如果有回路就会形成感应电流。根据楞次定律可知，此时 N_{p1} 的自感电动势方向为下正上负，自感电流为从上自下流动，根据同名端一致的原则，其它各组线圈互感电动势方向也都是下正上负，如果有回路电流，则此时电流方向为从上往下流动。N_{p2} 因为 Q2 关断，没有回路，只有感应电动势，输出端次级主线圈 N_m 感应电流回路为 N_m → VD1 → L_1 → C_1，线圈 L_1 和电容 C_1 储能，后级电压输出 V_m，同理，另两组副绕组线圈 N_{s1} 和 N_{s2} 连接的电路是一样的情形。当 Q1 关断，Q2 还未导通时，进入死区时间，进入死区时间瞬间，会有一个尖峰脉冲电动势产生，之后 Q2 导通，Q1 截止，次级绕组感生电流的方向发生改变，主绕组 N_m 通过回路 N_m → VD2 → L_1 → C_1 向 L_1 和 C_1 充电，此时其它副绕组 N_{s1} 和 N_{s2} 也是一样的情形。反馈控制从主输出 V_m 电压取样，经 R_4、R_5 分压后进 PWM 控制器，控制前级占空比，从而控制输出电压大小。

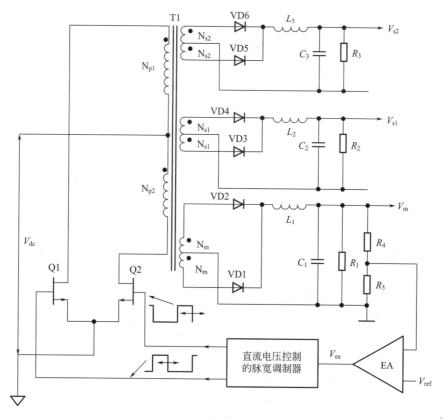

图 2.40　推挽脉宽调制

图 2.41 是 TL494 组成的推挽脉宽调制典型电路。TL494 第 8 脚和第 11 脚交替输出控制两个三极管轮流导通，开关变压器 T1 副边产生感应电流，在电感 L_1 和电容储能，供负载使用。电压反馈通过 22kΩ 和 4.7kΩ 电阻分压接入 TL494 第 1 脚。电流反馈通过 1.0Ω 电阻采样接入 TL494 第 15 脚。

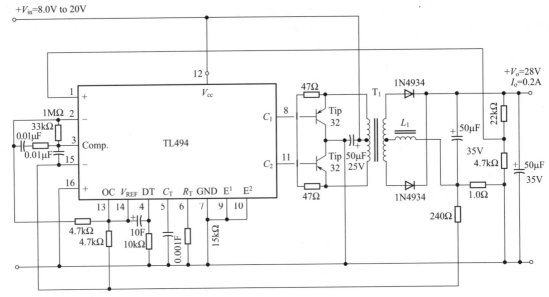

图 2.41　TL494 组成的推挽脉宽调制典型电路

推挽调制电路检修方法

　　推挽调制的开关电源，可以简单理解为一个线圈串联一个开关管，然后和另一个线圈串联的开关管并联，如图 2.42 所示，如果确认电路板上开关管是这种结构，则可以依照推挽调制电路的拓扑结构去推理电路。

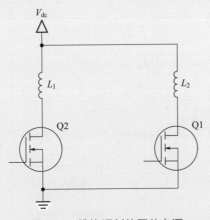

图 2.42　推挽调制的开关电源

　　如果无电压输出，首先应该检查开关管，测试是否短路，然后找到开关管的控制极，找到 PWM 控制信号的来路。控制信号有任何阻碍，比如串联的电阻出现问题，再比如前级的信号放大电路出现问题，都可以造成没有驱动信号。总之应把电源管理芯片的 PWM 信号输出脚至开关管控制极之间的通路检查一遍，确保没有问题。

　　其次再检查负载有没有短路，测试负载两端阻值有没有异常变小，负载过重会引起电路保护。

再次就是电路整体通电，检查芯片的供电电压是否正常，芯片参考电压是否正常，使能信号是否到位（如果有使能的话），振荡信号是否正常。

最后就是芯片的保护问题，保护包括电流保护和电压保护，可以测试保护信号脚的电压是否异常，保护是否已经动作，使得 PWM 信号关断输出。

⑤ 正激变换器拓扑

所谓正激变换，就是在开关管导通阶段，能量从变压器主边传输至副边。如图 2.43 所示，当 Q1 导通时，初级线圈 N_p 电流线性增加，根据变压器同名端分析，电流方向使得次级线圈整流二极管 VD2、VD3、VD4 导通，电感 L_3，电容 C_1、C_2、C_3 充电，当 Q1 截止，各线圈感应电动势反向，此时只有回路 $N_r \rightarrow V_{dc} \rightarrow$ VD1 呈导通状态，变压器剩余能量回馈至电源 V_{dc}，VD2、VD3、VD4 反偏截止，VD5、VD6、VD7 续流，L_1、L_2、L_3 释放能量给后级。电压反馈通过电阻 R_4、R_5 分压，经过脉宽调制器控制占空比稳定电压。正激变换拓扑的典型特点是变压器初次级同名端一致，而且次级回路有串联储能电感。

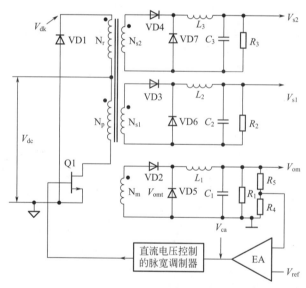

图 2.43　正激变换器拓扑

图 2.44 是典型的正激变换电路。芯片 LT3753 的 PWM 输出端 OUT 输出开关信号给开关管，驱动变压器传输能量给后级电路，可以通过变压器同名端及后级的电感判断，此电路结构是明显的正激变换结构。

⑥ 双端正激变换

图 2.45 是双端正激变换。开关管 Q1、Q2 须同时导通和截止。当 Q1、Q2 导通时，线圈得电，电流增加，改变变压器的磁通，次级线圈 N_{s1} 感应电流经 VD5 给电感 L_1、电容 C_1 储能，N_{s2} 感应电流经 VD6 给 L_2、C_2 储能；当 Q1、Q2 截止后，各线圈产生的感生电动势反向，VD5、VD6 反偏截止，此时没有能量传输给后级，变压器剩余能量通过 VD1、VD2 回馈给电源。

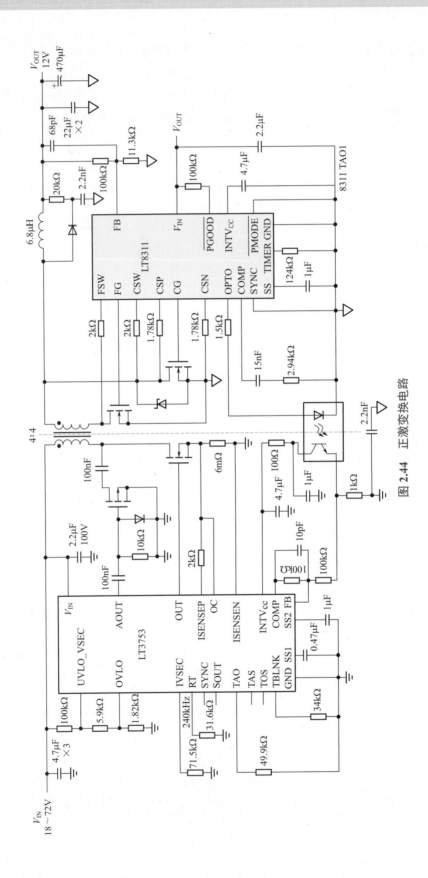

图 2.44 正激变换电路

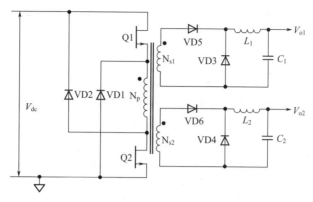

图 2.45　双端正激变换

图 2.46 是双端正激应用电路。我们应该牢记这种结构形式，才方便维修时分析和下手。

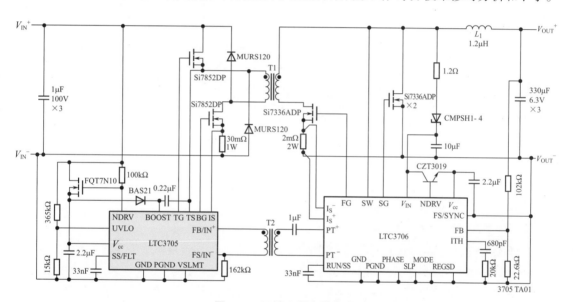

图 2.46　双端正激应用电路

正激变换电源的检修

　　单端正激变换电源的检修比较简单，故障无非大多集中在开关管、驱动路径、电源管理芯片的供电和芯片本身。双端正激变换的电源，先要弄清楚拓扑结构，不要和推挽变换的电源或半桥变换弄混淆，还要注意连接正电压端的开关管，其驱动参考点（开关管 S 极）电压是浮空的，驱动导通时，控制栅极 G 相对于源极 S 是正电压，所以驱动开关管时，要么使用变压器耦合，要么电路需要自举电容提供正端驱动的电压。如图 2.46 所示，电源管理芯片 LTC3705 的 BOOST 引脚就外接了一个 0.22 μF 自举电容。

　　⑦ 半桥变换

　　图 2.47 属于半桥变换电路。Q1 和 Q2 被控制轮流导通，线圈接在上下开关管连接处，通

过电容 C_b 连接于两个电容接点，当 Q1 导通时，Q2 截止，电流回路是 C_1 正极 → Q1 → 线圈 N_p → C_b → C_1 负极，此时两组副绕组各自上半部分对应二极管（VD7、VD9）导通，能量传输给后级。Q1 关断，Q2 未开启瞬间，产生的感应尖峰电压通过回路 N_p → C_b → C_2 → VD6 吸收，而后 Q2 导通，电流方向从 C_2 正极 → C_b → N_p → Q2 流动，产生感生电动势的结果，两组副边二极管 VD8、VD10 导通，后级电感电容储能；而后 Q2 关闭时，反峰吸收回路为 N_p → VD5 → C_1 → C_b，如此反复。其中切换开关 S1 为输入电压选择，S1 断开时，用于 220VAC 输入，S1 闭合时，用于 120VAC 输入，S1 闭合，相当于倍压电路。

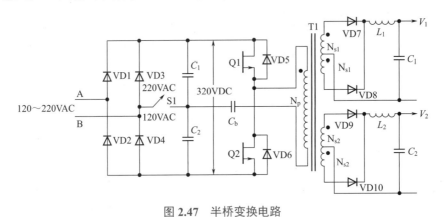

图 2.47　半桥变换电路

　　图 2.48 是典型的半桥变换应用电路。半桥电路最典型的特征就是变压器主边线圈一头取自两个开关管连接点，另一头取自两个主电容连接点。

半桥变换电源的检修

　　半桥变换的显著特点是，变压器主绕组充放电回路，一端连接串联电容的公共端，一端连接上下开关管的公共端，注意上下开关管的 D、S 是直接连接的，这和双端正激有所不同，要注意区分。使用普通万用表不好区分开关管的连接关系，因为不管直连还是串联量绕组，上管 S 与下管 D 量起来都是导通的，但可以使用数字电桥测量电感区分，如果 D、S 直接连接，D、S 之间不会有电感值，如果串联量绕组，D、S 之间就有较大电感值，或者使用数字电桥 DCR 挡位测量也可以，D、S 是否直连，可以明显测试电阻值不一样。只要确定了拓扑结构以后，维修就可以按部就班。

　　⑧ 全桥变换

　　图 2.49 为全桥变换电路。图中开关管 Q1 和 Q4 一组同时导通，Q2 和 Q3 一组同时导通，但两组是轮流交错导通的，不能同时导通。当 Q1 和 Q4 导通时，电流从电源正极 → Q1 → L_r → 变压器主边线圈 → Q4 → 电源负极形成回路，变压器能量传输至后级，而后 Q1、Q4 关闭时，透过 L_r → 变压器主边线圈 → VD2 → 电源 V_{in} → VD3 回路释放反峰脉冲能量回馈给电源。当 Q2、Q3 导通时，电流从电源正极 → Q2 → 变压器主边线圈 → L_r → Q3 → 电源负极形成回路，变压器能量传输给后级，而后 Q2、Q3 关闭时，透过 L_r → VD1 → 电源 V_{in} → VD4 → 变压器主边线圈释放反峰脉冲能量回馈给电源。

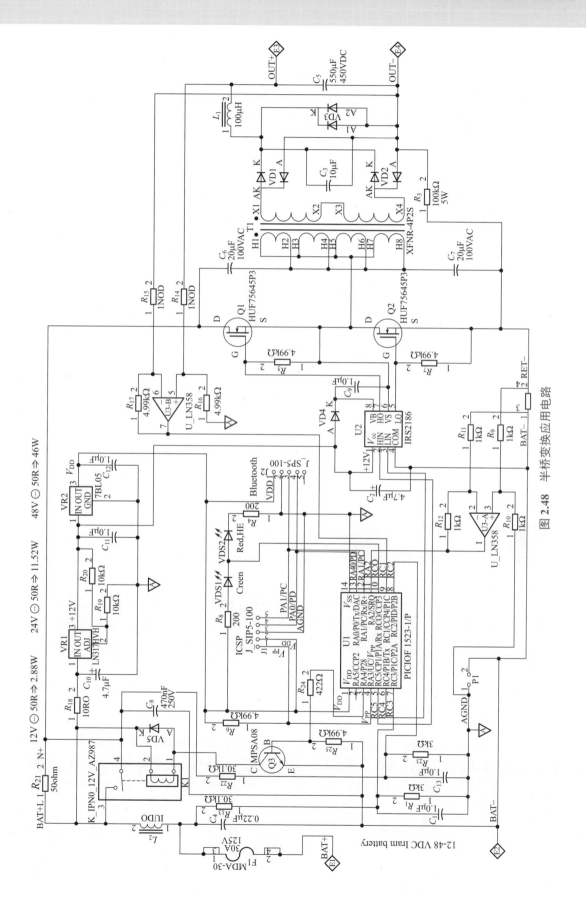

图 2.48 半桥变换应用电路

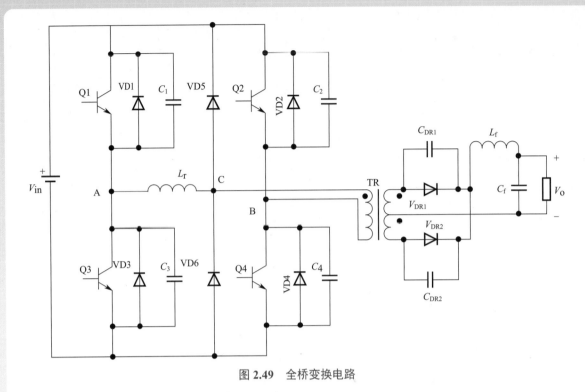

图 2.49　全桥变换电路

　　图 2.50 是全桥变换的应用电路。T3、T4 是驱动变压器，各自输出的两路副绕组同名端是反向的，可以控制上下两个开关管始终只有一个导通。同时 T3、T4 的初级线圈受控时从前级接收的信号也是互为反向的。变压器 T1 的主边线圈被驱动，是典型的全桥变换电路。

全桥变换电源的检修方法

　　全桥变换有 4 个开关管，从电路板上很容易辨识，弄清楚 4 个开关管的位置以后，接着找到控制极，大部分全桥以变压器耦合信号的方式来最终驱动开关管，信号的来龙去脉要理清楚，某些线圈绕组的连接关系，最好使用数字电桥来确认一下。只要基本的拓扑结构弄清楚了，就可以参照本实例介绍的图纸来跑一下线路，甚至可以绘出基本的电路图，接下来的工作就是按图索骥查找故障点了。

　　⑨ 反激变换

　　图 2.51 是反激变换结构。反激变换的主要特点是变压器副边线圈与主边线圈同名端不一致，Q1 导通时，感应电动势在主边线圈和副边线圈产生的感应电动势相反，VD1、VD2 反偏截止，副边未能形成回路，磁场能量储存在变压器中，当 Q1 截止时，感应电动势换向，VD1、VD2 正向导通，能量储存至回路电容。

　　图 2.52 是反激变换应用电路。PWM 芯片 UCC28700 的 3 脚输出 PWM 信号控制开关管导通和关断，变压器 T1 的主边线圈和副边线圈方向相反。

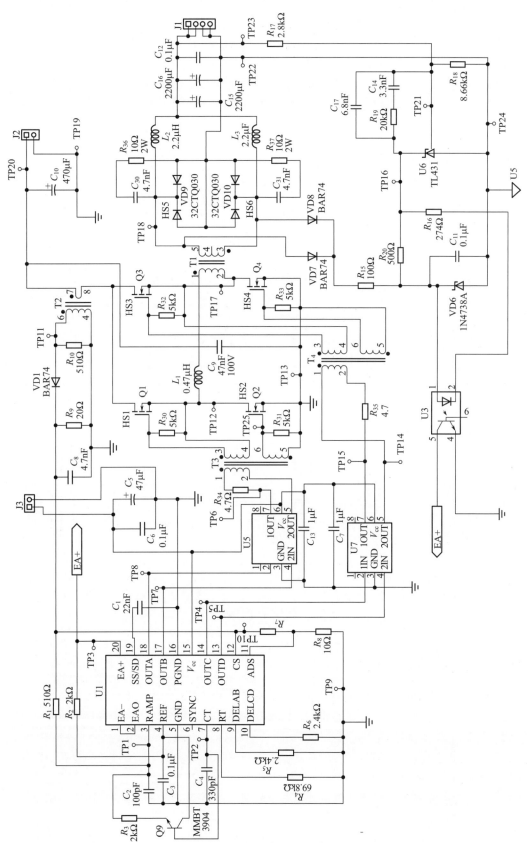

图 2.50　全桥变换的应用电路

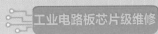

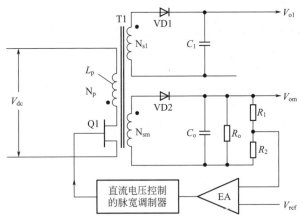

图 2.51 反激变换结构

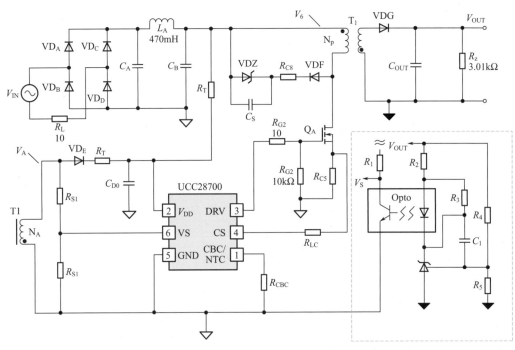

图 2.52 反激变换应用电路

反激变换电源的检修

反激变换是结构简单、应用最多的电源变换电路，常常应用于小功率开关电源。反激变换电源最常见的故障是启动电阻损坏和电源管理芯片的供电电容失效，应重点检查这两个元件，就是图 2.52 中所示的 R_T 和 C_{D0}。

反激变换电源无输出，依次检修的顺序是：检查保险是否烧断→检查整流桥是否正常→检查开关管是否短路→检查开关管控制极串联的驱动电阻是否正常→检查启动电阻是否正常→检查电源管理芯片电源电容是否正常→检查电源管理芯片是否正常→检查定时电容电阻是否正常→检查电压电流保护是否正常。

　　检查电源管理芯片是否正常,可以在不通高压的情况下(不给开关变压器主线圈加电压),直接给电源管理芯片加上能够正常工作的直流电压,比如 UC3842 正常需要 16V 以上电压才启动,就可以在芯片电源上加约 17V 电压,因为此时变压器主线圈没有加电压,则不会烧开关管,整个电路因为没有主线圈电流和输出电压,芯片也不会出现电压保护和电流保护,UC3842 如果正常,就会在 PWM 信号输出脚测试到脉冲方波。

电源打嗝的维修

　　反激式电源由于某种原因停止输出,过一阵又似乎有点输出的样子,然后马上又没有输出。用万用表测试输出电压,显示忽高忽低,有时候还伴随"噗…噗…"的声音,就像"打嗝"一样。出现这种现象可能的原因是:a. 维修电源时没有接负载或负载太小,输出电容上电荷没有及时泄放,很容易电压升高,使得采样电压升高,导致芯片电压保护,所以这一类开关电源维修时最好加上合适的负载;b. 负载太大,甚至输出端有短路现象。使给芯片供电的绕组得到的能量太少,不能提供芯片工作所需的足够的电流,于是芯片工作电流主要靠启动电阻提供,但这个电流太小,不足以长期维持 PWM 脉冲输出,等电源关闭输出后,随着启动电阻加在芯片电源上的电压上升,又开始下一次的启动,所以出现了间歇工作的现象——"打嗝"。"打嗝"的快慢主要与启动电阻、电源脚外接滤波电容大小有关;c. 芯片的供电电容变质,不能储存足够的能量供应芯片持续工作,也会出现"打嗝"。

(4) 常见几款芯片组成的电源介绍

① TL494 组成的开关电源

　　图 2.53 是 TL494 的内部结构示意图。外接阻容定时元件 R_T、C_T 和内部振荡器组合在芯片第 5 脚产生固定频率的线性锯齿波信号,3、4 脚的检测信号分别送 PWM 比较器及死区时间比较器与锯齿波电压进行比较;1、2 脚和 15、16 脚分别为两个放大器的输入端;8、9 脚和 10、11 脚分别为芯片内部驱动晶体管的集电极和发射极输出端;13 脚为输出模式控制端,当其为高电平时,两只内部晶体管交替导通和截止,即所谓的推挽式输出,当其为低电平时,控制两只内部晶体管同时导通和截止。14 脚是 +5V 基准电压输出端,12 脚为芯片电源端。

　　图 2.54 是采用 TL494 芯片的一个应用电路。电路以 PWM 控制芯片 TL494 为核心。115V 交流电压串联保险 F1 后送桥堆 VD13 整流,整流输出正极串联负温度系数热敏电阻(NTC) TH1 后到电容 C_5 滤波。TH1 是负温度系数热敏电阻,冷态下,其电阻值相对较大,当流过电流产生热量升温后,阻值迅速减小,这可以避免滤波电容初始充电电流过大,造成对电网及元件的冲击。VD2(1N4107)是 13V 齐纳稳压管,和 R_4 串联后得到 13V 电压,此电压加到晶体管 Q3 的基极,Q3 处于放大状态,除去 Q3 发射结的压降、VD1 的电压降,在 TL494 的电源 12 脚大致得到 12V 的稳定工作电压。VD14(1N5360)为 25V 的齐纳二极管,并联在芯片电源两端,当电压过高时,提供保护。IC1 的输出模式控制脚 13 脚和基准 +5V 电压输出脚 14 脚短接,则 TL494 是采用内部晶体管交替导通截止的推挽输出方式。

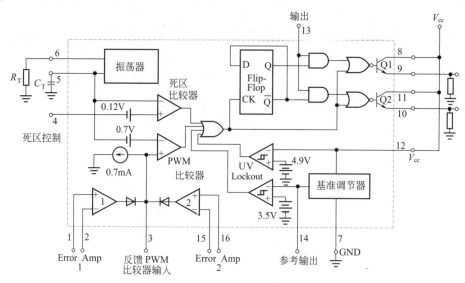

图 2.53 TL494 的内部结构示意图

图 2.54 中的接法，当 IC1 的 9 脚输出高电平时，因为 8 脚接电源 12V，此时 8、9 脚对应的内部晶体管是导通的，那么 10、11 脚对应的内部晶体管就是截止的，因而 11 脚输出高电平，Q1 导通，Q2 截止，12V 电源通过 Q1、C_4、T1 的初级线圈形成充电回路，在 T1 的次级线圈感应上负下正的电压，MOS 管 Q7 截止；同时 Q4 导通，Q6 栅极为高电平，Q6 导通；当 IC1 的 9 脚输出低电平，11 脚也输出低电平，即：IC1 9 脚低→Q4 截止，Q5 导通→Q6 截止，同时：IC1 11 脚低→Q1 截止，Q2 导通→T1 次级感应上正下负电压→Q7 导通，150V 电压通过 Q7、C7 给变压器 T2 初级线圈充电，线圈感应上正下负的电压，而当 Q7 截止、Q6 导通时，又感应上负下正的电压，如此，变压器 T2 将能量传递给次级，次级电压经整流滤波后得到几组稳定的直流电压。取样比较电压从 +15V、20A 输出端选取，此电压经 R_9、R_{10}、R_{11} 串联分压后，从可调电阻 R_{10} 中间抽头电压，和稳压芯片 IC3（TL430）稳压后的 2.75V 电压进行误差放大，如果 +15V、20A 输出电压升高→IC2 第 3 脚电压升高，因为"虚短"，IC2 第 2 脚电压升高，因为"虚断"，流过 R_{14} 和 R_{15} 的电流相等，IC2 的 6 脚电压也放大 100 倍升高，线性光耦 OPTO1 内部 LED 电流增大，内部三极管集电极电流增加，在 R_{18} 上的电压降增加，压降足够大时，使得 IC1 内部关断输出，起到保护作用。串联在 Q5 漏极的变压器 T3 初级线圈感应负载电流的大小，如果电流过大，则次级感应较高的电压，此电压经取样、滤波后加到 IC1 的 16 脚，控制内部晶体管关断输出，这就是电流保护。

② UC3842 组成的开关电源

3842/3843/3845 组成的开关电源是最常见的，图 2.55 是 3842 的应用电路。117V 交流电压串联 R_1 限流，经桥堆 BR1 整流，C_1 滤波得到约 160V 直流电压，电压串联 R_2 后加到 IC1 的第 7 脚，提供 IC1 启动电压，IC1 的 6 脚输出 PWM 脉冲信号，串联 R_7 加至 MOS 管 Q1 的栅极。当信号为高电平时，Q1 导通，变压器初级得电，电流线性增大，线圈有了一定电流后，IC1 的 6 脚输出低电平，Q1 截止，储存在变压器初级的电磁能量传递到次级，两组次级电压整流滤波后输出。另一次级线圈感应电压经 VD2、C_4、R_5、VD1、C_3、C_2 整流滤波后加到 IC1 的 V_{cc} 电源 7 脚，保持 IC1 持续的工作电压，同时这个电压也经 R_3、R_7、R_5、

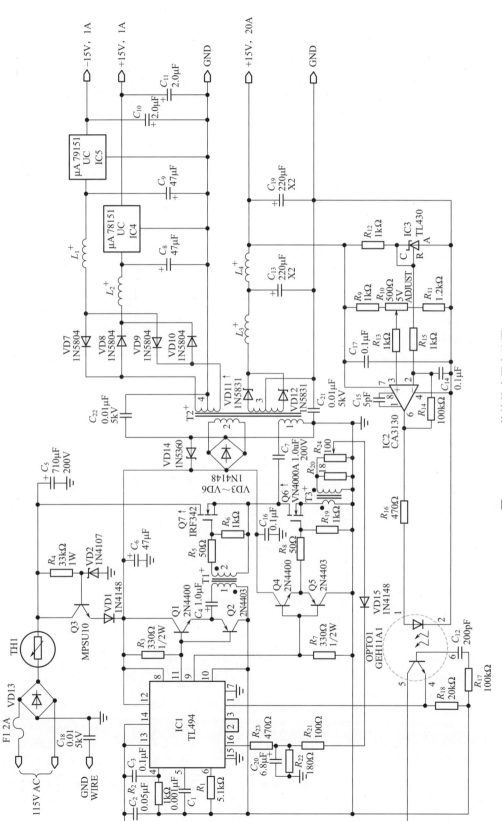

图 2.54 TL494 芯片的应用电路图

C_{14}取样滤波后去芯片内部的反馈端和比较器，以控制输出 PWM 波的占空比，稳定输出电压。Q1 的漏极串联了一个 0.55Ω 的取样电阻，当流过 MOS 管 Q1 的电流过大时，在取样电阻上得到较高的电压降，此电压接 IC1 的 3 脚电流感应端，如果电压超过 1V，IC1 迅速将输出关断，避免因电流过大而损坏电路元件。VD3、C_9、R_{12} 组成续流回路，当开关管关断以后，开关变压器储存的电磁能量传输给负载。C_8、VD4、R_{11} 给开关管提供保护，吸收线圈产生的反向高压脉冲。

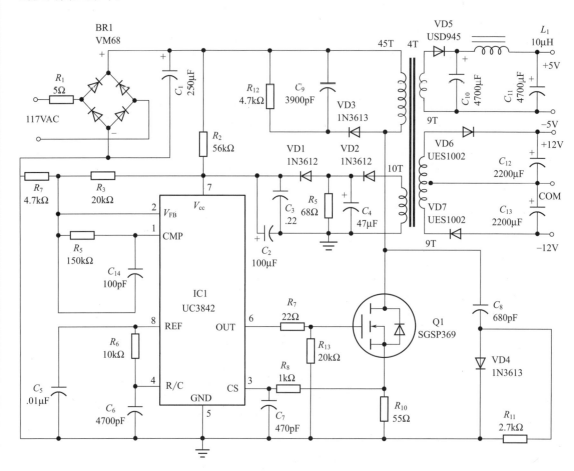

图 2.55　UC3842 开关电源应用电路

③ SG3825 组成的开关电源

图 2.56 是 SG3825 的内部结构图。5、6 脚外接电阻、电容决定内部振荡器的频率，4 脚为振荡波形输出端，1、2 脚是误差放大器的输入端，3 脚是误差电压输出端，8 脚是软启动脚，9 脚是电流限制检测端，11、14 脚是驱动输出端，16 脚输出 5.1V 基准电压。

图 2.57 是 SG3825 的一个应用电路。芯片电源脚 13、15 脚的电压是输入电压 V_{IN} 串联 390Ω 电阻后经 15V 稳压管稳压及 $4.7\mu F$ 电容滤波得到。11、14 脚推挽式交替输出控制两个 MOS 管的轮流导通，从而控制变压器传输能量。第 8 脚接一个 $0.1\mu F$ 电容到地，因为电容的电压不能突变，电压上升有一个过程，等到电压上升到一定程度，芯片才会有输出，起到了通电瞬间的缓冲作用。电流的保护是通过串联在两个 MOS 管的漏极电阻产生的电压降来控制 9 脚实现的。

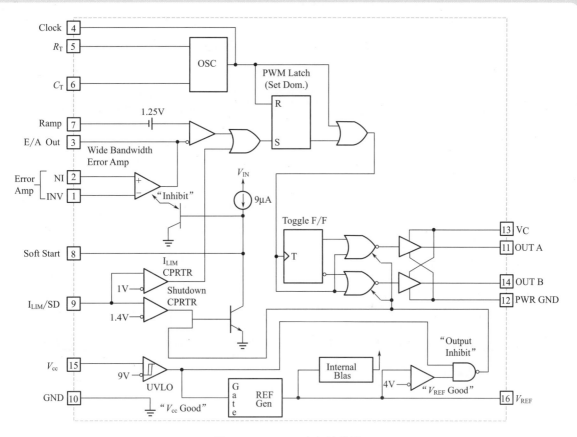

图 2.56　SG3825 内部结构图

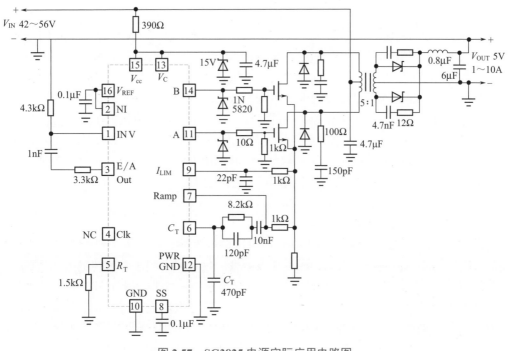

图 2.57　SG3825 电源实际应用电路图

④ TOP 系列芯片控制的开关电源

TOP 系列芯片控制的电源因为结构简单，在实际维修中见到不少，图 2.58 是一个典型的电路。

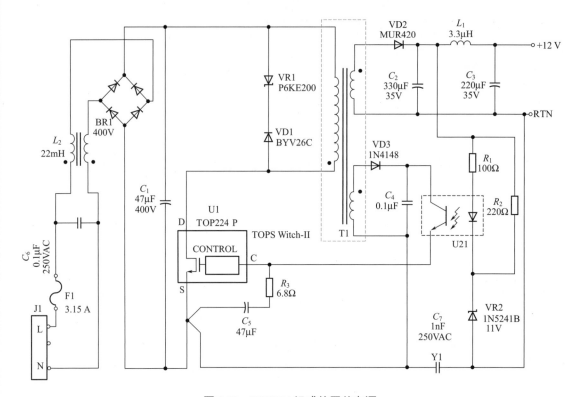

图 2.58　TOP224 组成的开关电源

TOP 系列电源控制芯片的特点是，此类芯片将振荡电路、MOS 管、反馈信号处理电路全部做成一体，它只有 3 只引出脚，1 个内部 MOS 管的源极，一个漏极，一个电压反馈的输入端。如图 2.58 所示，交流电压经整流、滤波后，高压直流正端串联变压器初级后接 TOP 芯片的漏极，漏极和接直流输入电源负的 S 极在芯片内部得到芯片正常工作所需电压，芯片振荡部分没有外接元件，都在芯片内部完成。电压的反馈是通过输出电压控制反馈的线性光耦 U21 来实现的，输出电压串联 R_1、光耦、稳压二极管 VR2，VR2 稳定电压在 11V，当输出电压升高，则线性光耦输入电流增大，引起输出电流线性增加，通过反馈到芯片的控制端 C 控制芯片内部 PWM 波的占空比输出，从而达到稳定输出电压的作用。VR1 和 VD1 用于吸收开关变压器初级线圈的反峰脉冲。

（5）有源PFC（功率因数校正电路）

有源 PFC 功率因数校正电路的实质是通过电路的变换，将输入电流的波形、相位校正为和输入电压同步，提高功率因数，减少谐波畸变，使负载看起来就像纯电阻性负载。

我们知道，普通的整流滤波电路，只有当输入正弦交流电压高于滤波电容上的电压时，整流二极管才会导通，只有正弦电压的波峰波谷一小段才有电流流过，波形明显不是标准的正弦波，发生了畸变，会产生很大的谐波成分，PFC 电路的任务即是使得在整个正弦波周期内，输入正弦波电流都较"连续"和"平滑"，基本同步于电压的变化。图 2.59 中 V_{in} 是输入电压波形，I_{in} 是未有 PFC 之前电流波形，I'_{in} 是加 PFC 电路后电流波形。

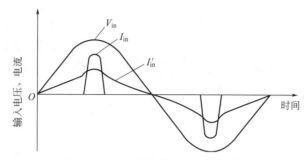

图 2.59　PFC 变换前后电压电流波形

　　绝大多数有源 PFC 电路使用 Boost 升压式 PFC，如图 2.60 所示，此类电路必定包含一个串联的电感、二极管、滤波电容以及一个受控的 MOS 管 Q_1，PFC 控制器通过取样电路输入电压及输出电压的变化，在内部进行演算后输出控制信号，控制 MOS 管在适当的时候导通和截止，从而在电感中形成的电流波形近似于整流后输出的波形，输出的直流电压是整流桥的输出电压和电感电压的叠加，因为加入了反馈，这个直流高压可以控制得非常稳定。如图 2.61 所示，是连续导通控制模式 PFC 的电感电流波形。实线锯齿波所示是流过电感的实际电流波形，虚线是电感的平均值电流，它应该和整流后的正弦电压同相，波形相同。

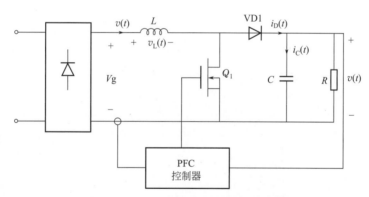

图 2.60　Boost 升压式 PFC 原理示意图

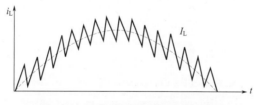

图 2.61　PFC 电路电感的电流波形

　　图 2.62 是 UC3854 组成的 PFC 电路。正弦交流电输入整流桥后得到直流波动 100Hz 电压，电压正极串联 30kΩ 电阻经 22V 稳压管稳压，电容滤波后给 UC3854 一个启动电压，芯片开始工作。同时正极通过 1mH 电感、二极管 UHV806 给 450μF 电容充电。UC3854 内部

包含一个计算电路，对三路信号 A、B、C 按照公式 AB/C 进行计算，得到一个输入电流参考信号 I_m，I_m 和另外串联在负端的 0.25Ω 电阻检测到的输入电流取样信号进行比较，经误差放大后再和振荡器斜坡电压比较，控制触发器、驱动输出，从 16 脚输出 PWM 信号，控制 MOS 管的通断。整个控制过程稍显复杂，作为维修，我们可以不必深究，只要知道这几个信号输入控制端的走向即可：输出高压直流电压取样信号从 11 脚输入，反映输入电压大小的信号从 6 脚输入，电流取样信号从 4、5 脚输入，同时电流峰值检测信号从 2 脚输入，起到过流保护作用。最终电路的效果是，输入交流电压在 90 ～ 270VAC 范围内变化，输出都可以稳定在 385VDC。

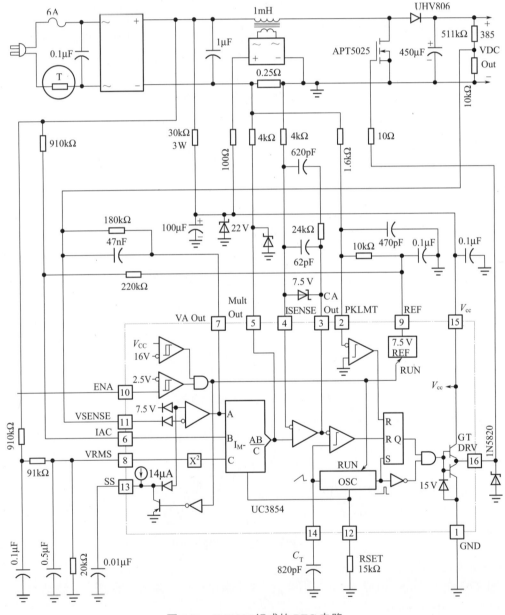

图 2.62　UC3854 组成的 PFC 电路

电源维修总结

　　面对一块电路板，首先应该搞明白的就是它的供电，供电又分为数字电路部分供电和模拟部分供电，还有驱动光耦电路的供电。数字部分供电一般是 5V 居多，3.3V 的也有，部分 CPU 等大规模集成电路还有 2.5V、1.8V 的供电；模拟部分供电有些有双电源，需要正负电压，比如 ±15V、±12V、±5V，有些只需要单电源，有些模拟电路的单电源和数字部分共用。

　　接着观察板子上的各类芯片的稳压供电是从哪儿过来的，是直接通过端子接口从其它板子过来，还是需要在板子上实现电压变换。如果板子上有电压变换，注意是线性稳压变换还是开关方式变换。如果板子上有储能电感或开关变压器，那么一定是开关变换，有储能电感的是在线式，即输入输出电源没有隔离，公共端连在一起，有变压器的一般是离线式电源，输入输出电压是电气隔离的，接地公共端没有连在一起。

　　如果是线性稳压供电，则找到相应的稳压芯片，确认型号，确定在输入端和公共端之间加多大的电压，通过测试确认没有明显短路后可以通电，再实际检测各路输出电压是否正常。

　　如果是开关式电源变换，则要弄清电源拓扑结构，使用储能电感的在线式电源，相应的标配元器件无非是电感、电容、续流二极管、取样电阻、电源管理芯片，线路很容易跑通，在头脑建立了这些拓扑结构印象后，检查起来毫不费劲。

　　使用变压器的离线式电源，跑线路最先关注的是开关变压器，带 PFC 的电源，PFC 电感和变压器比较相似，要注意分清楚。找到开关变压器以后，接下来就要找到和变压器主绕组相连接的开关管。

　　观察开关管的个数，如果只有一个开关管，大部分是反激式的，部分是单端正激，当然还有一些谐振式的，总之不管是什么形式，接下来找开关管的控制极，找到控制信号来自哪里，当然来自电源管理芯片。通常在电源管理芯片的 PWM 输出脚与开关管控制极之间会有一个 10～200Ω 电阻，只要万用表通断挡扫一下便知。

　　如果是两个开关管，则推挽式、双端正激、半桥式结构都有可能，可以通过数字电桥检测管子和主绕组的连接方式来确定。如果是 4 个管子，要自然联想到全桥结构。

　　弄清楚拓扑结构以后，维修方案自然不是难事。稍有难度的是前级驱动有些不是从电源管理芯片直接过来，驱动信号经过了变换、放大、耦合等操作，在跑信号的时候可能会产生疑惑，特别是信号要经过耦合电容或耦合变压器的时候。这个可以从网上下载参考一些图纸，了解一下常见的连接方式。

　　电源的通电测试能终极判断是否修复，另外电路板在通电后，实际故障才会直观得以体现。怎样对电路板通电，既不会对电路板造成损坏，又方便对电路板的测试呢？这需要一个多路可调直流电源，如图 2.63 所示，这类电源具有电压调节和限流作用，可以从电源上引电压加到被测电路板，如果电路板有短路，超出电源的设定值，电源可以立刻起到保护作用。

　　有些电路板需要加交流电测试，电压也不尽相同，我们可以使用隔离变压器，或者调压器来将交流电压变换成需要的电压。如图 2.64 所示。可调变压器大多数是自耦变压器，自耦变压器并没有隔离，这一点要注意，防止触电。也可以把隔离和调压结合起来，先 1：1

变压器隔离，输出再调压，做成隔离式调压变压器。

图 2.63　多路可调 DC 电源

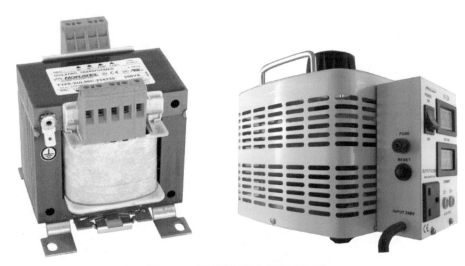

图 2.64　隔离变压器和可调变压器

　　带 PFC 结构的电源，维修时应该分成两部分来检修，首先要区分故障在 PFC 部分还是在在后级电源变换部分，方法是测试主电容上的直流电压，如果电压相比直接整流滤波后的电压有明显抬升（例如 220VAC 整流滤波后电压约 310V，而 PFC 变换后电压达 370V 以上），说明 PFC 变换已经正常工作，故障在后级变换；如果电压没有抬升，那就应该先检测 PFC 电路的问题。

　　有些板子在丝印上会明显标注各种供电电压并且有测试点，通电的时候，可以测试这些测试点的电压是否在正常值。

2.5 单片机电路

　　单片机组成的系统在维修中趋于常见，变频器、PLC、智能仪器仪表等工控常见设备，其控制核心大部分就是单片机。熟悉了单片机系统的工作原理，在维修中就可采用一些有针对性的方法和策略，事半功倍。 下面从一款常用的 51 系列单片机入手来了解单片机的工作过程。

图 2.65 是由 AT89S52 组成的单片机最小系统。

① 单片机工作需要保证稳定正常的工作电压，一般有使用 5V 电源或 3.3V 电源的单片机。此单片机使用 5V 电源，40 脚接 5V，20 脚接 0V。

② 单片机工作需要时钟信号，程序按照一定的步调执行，时钟信号的频率按照单片机的具体特点和应用的具体要求给定。此单片机外接晶体振荡器和电容，得到 22.1184MHz 的时钟信号。

③ 单片机必须有一个复位信号来复位，使得内部各功能器件从"起点"开始工作，这样就不会出现混乱。复位信号视乎单片机的特点，保持多少个时钟脉冲的高电平或低电平。此单片机是高电平复位，复位脚 RST 接一个电容到 V_{cc}，接一个电阻到地。复位的原理是：接通电源的瞬间，因为电容上的电压不能突变，RST 相当于对 V_{cc} 短路，处于高电平状态，随着 C_1、R_1 回路给电容的充电，C_1 两端电压逐渐升高，使得 RST 变为低电平，C_1 和 R_1 的选值在某个范围就可以满足复位条件。

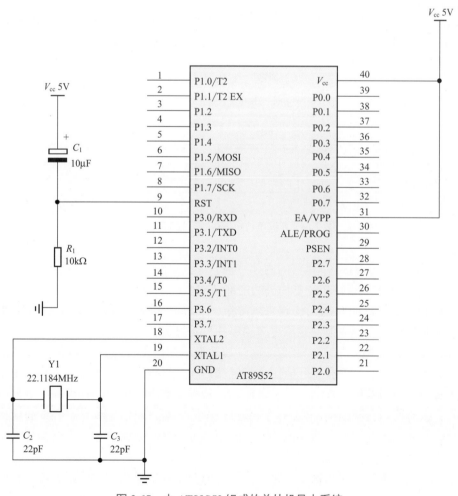

图 2.65　由 AT89S52 组成的单片机最小系统

电源、时钟、复位是满足单片机正常工作的 3 个必要条件。复位以后单片机怎么做、做什么，那就交给软件来完成。软件放在哪里？放在程序存储器内。程序存储器在单片机的什么部位？内部不带 ROM 的，或内部 ROM 不够用的，要到片外去找；片内有 ROM 且够用的，那就片内找。程序是怎么进去的？通过程序烧写器，或连接单片机和电脑的某种通信接口来录入程序。

此外，我们还看到单片机包含的 I/O 端口，某些端口既可以做输出，又可以做输入，有些端口还是复用的，如计时器端口、串行通信端口、中断入口等，端口的具体功能可由单片机程序来控制。有些输出端口是集电极或漏极开路的，输出需接上拉电阻。根据单片机数据位数不同，常见的有 8 位单片机、16 位单片机和 32 位单片机。早期的单片机以 8051 系列 8 位单片机最为常见，图 2.66 是 8 位单片机 STC 系列的内部结构。

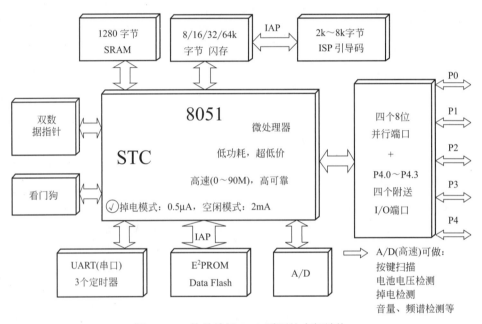

图 2.66　8 位单片机 STC 系列的内部结构

图 2.67 是 16 位 msp430 单片机的内部结构。

图 2.68 是 STM32 系列 32 位单片机的内部结构。

可以看到，单片机的内部结构越来越复杂，功能越来越强大，但是它的基本架构还是一样的。无非把某些功能加强，增添更多的单片机外设部分。

总之，单片机虽种类繁多，千变万化，其基本结构也不外乎以上内容，其它无非就是在基本内容上的优化，及结合实际应用来配置端口和外设接法。例如复位，除了简单的阻容复位，还有用到专用复位芯片的，通过复位芯片监测电源电压情况，并正确给定复位信号。时钟信号，也有使用有源晶振，或芯片内部自带振荡电路。通信也有自带各种通信接口的。程序的存储有在片外的，也有在片内的，片内的又有一次性编程的和可重新编程的。根据数据位数又有 4 位、8 位、16 位、32 位单片机等。各种型号单片机都可以找到厂家提供的数据手册，可以通过查阅这些数据手册来详细了解该型单片机的结构、应用方法，从而明确维修工作的方向。

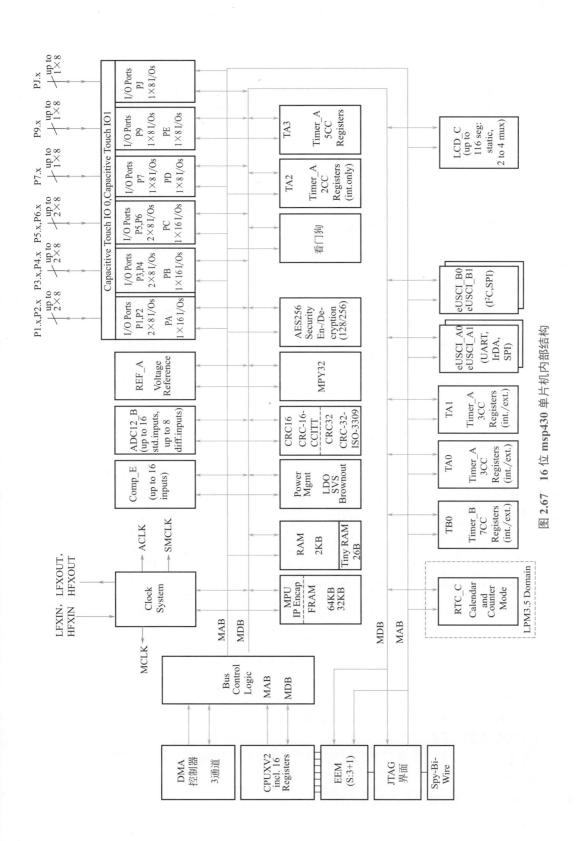

图 2.67　16 位 msp430 单片机内部结构

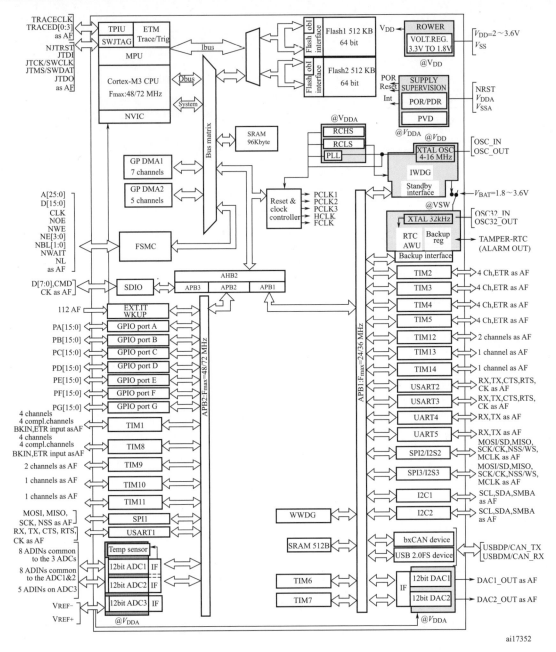

图 2.68 STM32 系列 32 位单片机内部结构

单片机电路系统的检修：

单片机系统工作异常应该从以下几个方面检查。

（1）电源是否正常？

检查电源是否正常，不能简单地使用万用表直流电压挡测一下电压是否到位。比如万用表测试 5V 电压，能显示 5V 就认为电源正常了，这种测试方法是不可取的，因为万用表测试的只是电压的平均值，电源的纹波并没有测试出来。

正确的操作应该是取 4 位半精度以上的数字表，一边测试直流电压，一边观察万用表电压显示值，如图 2.69 所示，如果电压显示的小数点最后一位数字都不波动或者波动一两个值，说明测试的电压非常稳定。例如测试 5V 电压的时候显示 5.022 ～ 5.024V 跳动或者一点都不跳动，则电压稳定，假设电压在 5.000 ～ 5.123V 跳动，则电源纹波过大，可能影响单片机工作。

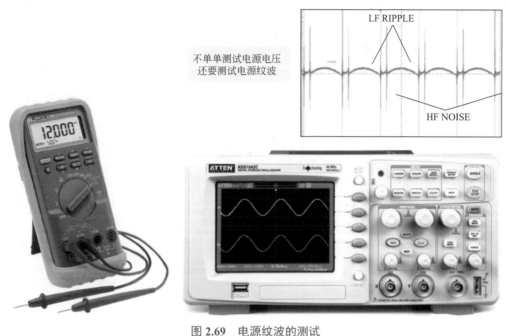

图 2.69　电源纹波的测试

还可以使用万用表的交流电压测试挡来测试直流电源的交流成分。如果交流电压超过直流电压值的 2%，说明电源纹波太大。例如，使用交流挡测试 5V 直流，如果显示数值稳定后交流电压大于 5V 的 2% 即 0.1V 以上，说明纹波过大。

最直观的方法当然是用示波器测试电源的纹波，观察纹波波幅，幅度也以不超过直流电压的 2% 为宜，或者多测试一下正常时候的波形，建立起电源正常与否的直观感受。

（2）晶振是否正常？

电路板通电后可以使用万用表或示波器对晶振相应引脚进行测试。对无源晶振，可以使用示波器来测试。注意示波器探头信号衰减开关选择 ×10 挡，尽可能减小示波器探头介入对晶振的影响，避免晶振停振引起误判。无源晶振没有输出，有可能是晶振本身的问题，也有可能是晶振引脚外接电容有问题，要留意区分，必要时可通过代换晶振或电容验证。

有源晶振也可以使用万用表测试，直接测试晶振信号输出脚的对地电压即可，正常应该是电源电压的一半，如果是电源电压或 0V 电压，说明晶振已经损坏。

（3）复位是否正常？

有些单片机需要高电平复位，有些需要低电平。低电平复位，会在单片机引脚名称上加横线或在前面加"*"号，例如 $\overline{\text{RESET}}$，或者 *RESET，高电平复位则没有上横线或"*"号。

高电平复位的单片机，电路板通电后复位脚保持短暂时间的高电平，然后变成低电平。如果通电后用万用表测试复位脚就一定是低电平，如果还是高电平或者有脉冲，说明复位有问题；低电平复位的单片机，电路板通电后复位脚保持短暂时间的低电平，然后变成高电平。如果通电后用万用表测试复位脚就一定是高电平，如果不是高电平或者有脉冲，说明复位有问题。

单片机复位的方式有几种，包括简单的阻容复位、专用复位芯片复位以及受控复位。

如图 2.70 所示为简单阻容复位。电路使用一个电阻和电容串联，电路开始通电后，电容和电阻组成的充电回路在电容两端产生的电压有一个上升过程，电压在超过某个阈值后，复位脚实现高电平 - 低电平切换，或者实现低电平 - 高电平切换，单片机完成复位过程。另外在电容两端还可以并联手动复位按钮，可以实现手动复位重启。

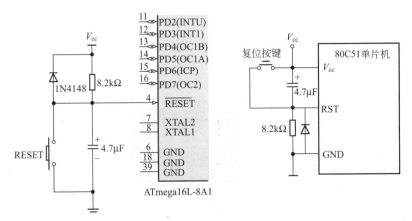

图 2.70   简单阻容复位

图 2.71 和图 2.72 是工控电路板常见的专用复位芯片。

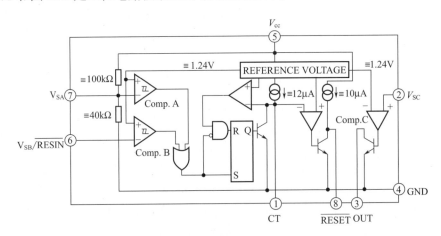

图 2.71   专用复位芯片 MB3771

MB3771 兼有上电复位和电源电压监测复位功能。系统上电后，复位脚 8 脚因为内部连接的三极管导通，所以是输出低电平，同时芯片内部恒流源向 1 脚外接电容充电，充到电容电压超过 1.24V 后，连接的比较器翻转，输出低电平，三极管截止，复位脚变为高电平，上电复位完成。V_{cc} 电压由内部 100kΩ 和 40kΩ 电阻分压，分得电压正常情况下高于参考电压 1.24V，一旦 V_{cc} 电压过低，电阻分压也过低，当电压低于 1.24V，比较器翻转，控制 8 脚输出低电平，输出复位信号，当 V_{cc} 电压过低的情况排除后，复位脚又恢复高电平，完成复位工作，单片机重启。这可以防止因为偶尔电压过低造成的单片机数据混乱，避免单片机程序跑飞，造成死机。另外芯片 6 脚也可以外接取样电阻，监控其它电压，如果不接取样电阻，可以将 6 脚接 V_{cc}。

图 2.72 所示芯片兼具上电复位、电压监控、RAM 电压管理功能、看门狗功能。该芯片除了对 V_{cc} 电压监控以外，还可以对另一个电压进行监控，另一个电压由外电路 R_1、R_2 分压输入 PFI，如果电压跌落，$\overline{PFO}$ 输出低电平给单片机处理。VOUT 电压供给 RAM 芯片，芯片 V_{cc} 上电后，V_{OUT} 输出电压取自 V_{cc}，断电后，电压取自 V_{BATT} 脚连接的电池。来自单片机的看门狗信号连接芯片的 WDI 脚，这是每隔一段时间输入一个脉冲信号，用来复位芯片的看门狗计时器，如果单片机死机，看门狗脉冲信号就会丢失，芯片的看门狗计时器超时，就输出复位信号给单片机，单片机重启。

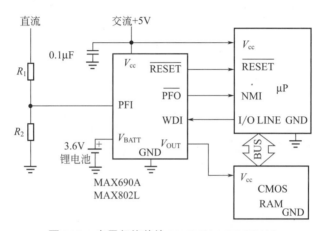

图 2.72 专用复位芯片 MAX690A MAX802L

有些单片机的复位信号不是来自专用复位芯片，可能来自另一个单片机或者复杂 IC 的输出。

检测到单片机复位信号不正常后，就应该追踪复位信号的来源，检测连接的相应芯片及周边，确定最终的原因。

2.6 变频器电路

变频器在国内使用日益广泛，变频器是相对高电压和大电流的设备，所以故障率也较高，维修量不少。网上对变频器维修的讨论不少，但从具体电子电路的分析入手来检修的不多。

（1）变频器的电路结构

图 2.73 是变频器的电路结构图。这是一个 AC-DC-AC 的变换过程。三相交流电（小功率的变频器使用单相交流）经整流桥整流后到滤波电容，得到直流电压。控制器控制六个大功率器件交替导通，电机线圈得到相对高频的交变脉冲电压，因为电机线圈电流不能突变，在线圈就会产生类似正弦波的三相交流电流，脉冲电压的频率是可控的，而电机的转速又跟频率成正比，所以变频器可以起到控制电机速度的作用。

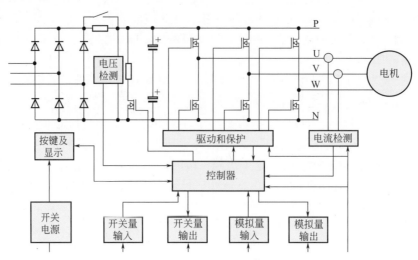

图 2.73　变频器的电路结构图

　　为了很好地控制使用变频器，在变频器中加入了控制信号输入输出电路、电压电流检测电路、按键及显示电路、制动电路，当然也少不了电源系统给各功能电路提供电源。

　　主电源由三相整流桥整流得到（小功率的变频器一般使用单相交流电源），整流后滤波电容充电的瞬间电流很大，对整流桥和电容的冲击会产生许多问题。为了避免冲击，小功率变频器会在直流母线中串联热敏电阻，一般功率的变频器会使用继电器触点并接限流充电电阻的方式。此方式的原理是：变频器初始上电后，整流后电源通过限流电阻给后级滤波电容充电，串联的电阻限制了充电电流的大小，一个电压检测电路检测电容上的电压，当电压达到某个程度时，控制并联在限流电阻上的继电器触点闭合，整流后电源直接连充电电容，此时的电流就没有变频器刚刚上电时那么大了。电路既可以避免大电流冲击，又不至于让限流电阻长期串联在主电路中造成能量消耗和对后级的影响。在大功率变频器中，继电器则换成了可控硅，其原理也是一样的，只是可控硅比继电器机械触点能够耐受更大的电流。

　　变频器停止输出后，机械负载因为惯性作用会带动电机继续转动，如果要设法使其迅速制动，电机线圈切割磁力线产生很高电压，电压经 IGBT 的 C、E 极上反并联的续流二极管全波整流后加到直流母线，会使直流母线上的电压升高，这对电路元件会造成损害。

　　能耗制动电路的原理就是通过检测直流母线上电压的大小判断电机是否处于制动状态，如果电压高到一定程度，电路控制制动 IGBT 导通，电容能量通过制动 IGBT 回路迅速消耗在制动电阻上，结果，电容上的电压迅速下降，机械动能迅速转化为电阻热能，电机也就得以迅速停止转动。

　　回馈制动在母线电压判断上与能耗制动相同，只是将能量回馈给了电网。

　　（2）变频器的主电源电路

　　变频器主电源电路除了各元件的选择要匹配相应的功率之外，还要考虑电路缓冲问题。我们知道，高压大容量电容在充电初始阶段的充电电流是非常大的，如果不加限制，无论对变频器电路元件还是变频器输入电源的冲击都是相当大的，因此，变频器的电路设计上都有相应的对策。对微小功率的变频器而言，一般采用在充电回路上串联负温度系数热敏电阻（NTC）的办法，即常温下 NTC 的阻值较大，电路初始通电时可保证电容充电电流不会太大，一旦通电后 NTC 因发热阻值减小，此时电容的电压已经达到较高水平，因此充电电流既不会特别大，也不会影响电容向后级供电的需求。如图 2.74 所示，三相交流电压经桥式整流后串联 RT5 及 RT6 两个热敏电阻给高压电容 C_{133} 及 C_{163} 充电。

中小型功率变频器的充电保护电路往往使用充电电阻和继电器的组合来实现缓冲保护。如图 2.75 所示，交流电源整流后通过串联的充电电阻 R 给电容充电，内部电路检测充电电压的大小，当电容电压上升至大于某个值时，继电器动作，触点 K 将充电电阻 R 短路，此时电流整流后直接给电容充电，因为电容上已经充电到一定电压，屏蔽充电电阻直接充电的电流冲击已经很小。电路的设计既避免了初始大电流的冲击，又避免了充电电阻对电路的持续影响。

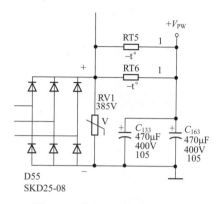

图 2.74　变频器的主电源电路

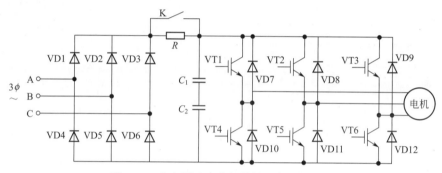

图 2.75　中小型功率变频器的充电保护电路

大功率变频器的主电源电路的缓冲电路，原理结构与中小功率变频器差不多，只是将继电器换成了可控硅，可控硅不存在继电器机械触点的冲击，可通过很大的电流，可靠性也得以提高。

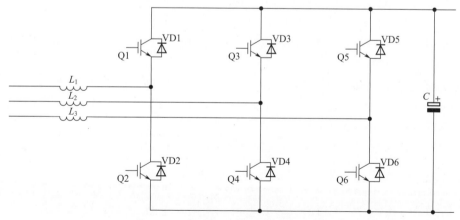

图 2.76　变频器的可控直流馈电电路

普通的变频器整流滤波电路，其直流母线上的电压，由于后级的负载变化而变得不稳定，电机制动减速作用产生的能量不能回馈电网，也导致直流母线电压的上升，对电路元件造成冲击。所以在高性能的变频器中，设计有可控的直流馈电电路。如图 2.76 所示，三相交流电源串联电抗器后通过并联在 IGBT 的 C、E 之间的二极管给电容充电，如果 IGBT 都不导通，就跟普通的桥式整流没有什么区别，而一旦 IGBT 有了合适的开关动作，电抗器回路被迫处于通断状态，其上产生的自感应电压就会叠加在电容上，因此，在电容上就可以得到比桥式整流更高的电压，可达 600VDC 以上。电容上的电压通过电子电路检测反馈到主控制板，主控制板精确控制 6 个 IGBT 的导通时序，既可以控制电抗器的电压正向叠加于电容，也可以控制电抗器电压在变频器制动减速时反向叠加于电容，此时电容上的电荷能量就回馈给电网，因此电容上的直流电压非常稳定。该电路有点类似于开关电源或者有源功率因数校正电路的 Boost 升压电路原理，通过电感和电子开关的配合来提升电容上的电压。

变频器主电源电路常见故障：

高压大电容容量下降、限流电阻开路、继电器触点损坏、继电器驱动电路异常、整流桥烧坏、制动 IGBT 异常、驱动模块异常，是变频器主电路常见的故障。

高压大电容容量下降，会导致变频器启动后负载加大时主 DC 电压能量供应不上，电压跌落过大，变频器低压报警，而变频器制动时，电容容量不足又容易导致电容电压迅速上升，变频器过电压报警。

限流电阻开路，则后端电容没有充电回路，变频器上电后主电容没有电压。如果小功率变频器控制板电源取自主电源，则控制电源都不会有电压，变频器通电就没有任何反应。

如果继电器损坏，或者继电器线圈电流回路不上电，即变频器通电后继电器没有吸合（使用可控硅上电缓冲控制的变频器，可控硅没有被触发导通），则后级电路电流全部经过限流电阻，变频器启动后，电流增加，限流电阻分压增加，直流母线电压下降，会导致变频器低压报警。如果不报警，会因为限流电阻长时间通过大电流而烧断。所以，碰到限流电阻烧坏，维修不能仅仅只是换一个电阻，还要检查继电器的好坏及其控制电路的好坏。

（3）变频器的开关电源电路

变频器的开关电源和普通的 AC-DC 开关电源结构差不多，要能满足多路电压的需要，典型的变频器开关电源，包括主控制 MPU 电路电源（5V 或 3.3V）、主控制模拟电路电源（±12V 或 ±15V）、I/O 电路电源（24V）、驱动电路下桥臂驱动电源（15 ~ 20V）、驱动电路上桥臂三路独立驱动电源（15 ~ 20V），另外还可能设置一个 DC-DC 转换模块，提供通信电路的独立电源（5V）。

各路电源的取得，有些设计成一个开关变压器的多路独立副绕组整流滤波输出，有些设计成开关变压器副绕组，只提供主控电路 5V 电源和 I/O 部分的 24V 电源，而驱动电路的电源再由 24V 部分经 DC-DC 变换得到。

变频器开关电源维修方法参见本章前面部分的开关电源维修。

（4）变频器的主控板电路

变频器的主控板电路可视为一个单片机系统，它包括了 MPU、存储器、人机交互界面、I/O 及通信部分，还包含了 CPLD、DSP 等大规模集成电路，内置软件算法，配合电压电流的适时检测信号，达到精准控制。

变频器主控板维修方法参见本章前面部分的 PLC 维修方法和单片机维修方法。

（5）变频器的驱动控制电路

变频器驱动控制电路是以驱动光耦为中心的弱电控制强电的转换枢纽，在几乎所有的变频器设计中，此类电路几乎形成了固定的模式，即：控制 6 个 IGBT，使用 6 个光耦，需要 4 组独立电源。下桥臂的 3 个 IGBT 因为发射极 E 连接在一起，3 个光耦输出端电源就可以共用一组。

以 IGBT 专用的驱动光耦 PC923 为例，如图 2.77 所示，来自 MPU 的 TTL 电平信号控制 PC923 内部 LED 的发光，LED 不点亮时，PC923 输出 O_2 是与 GND 导通的，功率管的门极 G 和源极 S 接近 -12V 的反偏置电压，功率管完全截止；PC923 内部 LED 点亮时，O_2 和 V_{cc} 导通，功率管的门极 G 和源极 S 接近 +12V 的正向电压，功率管导通。6 个驱动光耦都是一样的结构。

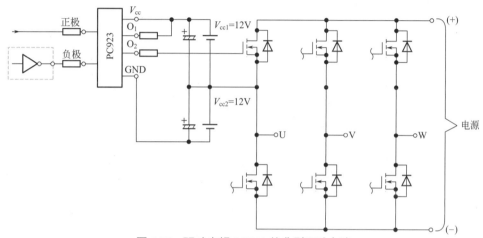

图 2.77　驱动光耦 PC923 的典型驱动电路

变频器驱动控制电路的维修

变频器通电之前，应该先检测驱动模块是否基本正常。方法是，数字万用表选择二极管挡，黑表笔接母线电压正极 P，红表笔分别点测 U、V、W 输出，测试上端驱动桥电路，应该都显示导通 0.5V 左右正向管压降，如果显示短路，则相应的 IGBT 短路击穿，如果没有正向压降或者显示值过大，超过 0.8V，则模块内部二极管损坏；然后红表笔接母线电压负极 N，黑表笔分别点测 U、V、W 输出，应该都显示 0.5V 左右正向管压降，下端桥电路情况应该与上端情况一样。

在变频器上电之前还应该测试驱动电路是否每一路都有效可控，以免上电就炸功率模块或者驱动不良。测试的方法是，不要加母线电压，只加控制电压，就是想办法不让驱动模块的 PN 之间有高电压。给开关电源上电后，检查驱动光耦电源是否正常，然后使用指针表 x10Ω 挡依次在光耦输入端注入电流，同时用数字表二极管挡检测对应的 IGBT 是否导通，如果每一个 IGBT 都可以控制导通和截止，且当 IGBT 截止时 G、E 之间是负电压，当 IGBT 导通时 G、E 之间是正电压，说明驱动电路大致没有问题。

为了确保驱动电路和 IGBT 完全没有问题，还要做进一步的检测，因为虽然以上检测方法可以确认驱动电路能够有效动作，但是高速脉冲驱动的情况并没有被模拟到，如果某些驱动部分元件的特性变差，变频器高速运行时可能出现问题，另外因为此时模块还没有加高电压，高电压下模块的表现如何也未知。

进一步测试，可以将数字电桥置于电容测试挡（10kHz，1V 输出电压，D 值），在线测试上桥三路 IGBT 的 G、E 之间电容，然后测试下桥三路 IGBT 的 G、E 之间的电容，电桥显示的电容量和 D 值，上桥三路应该一致，下桥三路也应该一致，如果哪一路电容量或 D 值和其它两路差别较大，就判断这一路存在问题，然后从这一路入手检测，找出对应的原因。

最后对各 IGBT 进行耐压测试，保证 IGBT 的耐压符合数据手册的规定。

（6）变频器的电压检测电路

变频器的直流母线电压是重要的检测对象，检测分为比较检测和定量检测两类。比较检测是将检测到的电压和设定电压相比较，判断电压到位、过高或过低，及时输出控制信号，要求反应速度快；定量检测将检测到的电压进行数字量化，提供给主控板做数据处理。

图 2.78 所示是一款变频器电压检测电路。直流母线电压经过两个 220kΩ 降压电阻，在另两个 2kΩ 和 2.2kΩ 并联的电阻上得到一个随母线电压成正比变化的 mV 级电压，这个电压加到隔离放大器 A7840 的输入脚第 2、3 脚之间，经过 8 倍的幅度放大，在 6、7 脚输出。运算放大器 LF353 和周边元件组成差动放大器，输出电压大小是 U14 的 6、7 脚的电压差值，虽然电压幅度没有放大，但电流驱动能力提高，输出电压经电位器取样调节到合适的幅度再送后级电路处理。A7840 的输入端电源和输出端电源是隔离的，输入端电源是由开关变压器的一组副绕组经整流、滤波及 78LC05 稳压后得到。输出端电源则是和主控板共用的。

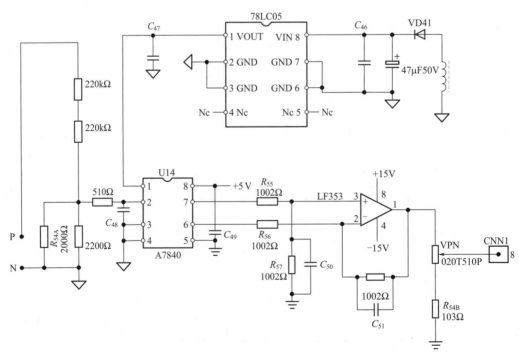

图 2.78　变频器电压检测电路

变频器电压检测电路的维修

电压检测电路容易损坏的是隔离放大器，如 A7800、A7840 之类的芯片，这类芯片可以在线检测，方法是：控制电源通电后，万用表 mV 挡分别测试输入电压即 2 脚对 3 脚之间的电压，然后再测试输出电压即 6 脚对 7 脚之间的电压，输出电压应该是输入电压的 8 倍，如果相差较大，则隔离放大器芯片损坏。另外一个比较有效的判断方法，就是当 2、3 脚输入电压是 0mV 时，输出电压 7 脚对 6 脚电压低于 −20mV（例如 −23mV），则判断隔离放大器损坏。

另外有些电压检测电路是非隔离的，但是电压采样电路的结构是一样的，经常容易损坏的是接正极 P 端的取样电阻，此电阻开路或阻值变大会引起低电压报警。

（7）变频器的电流检测电路

小功率变频器的电流检测电路是采用在输出回路串联 mΩ 大小的采样电阻，在电阻上产生 mV 级的电压降，这个电压既不会给输出回路带来影响，又能符合隔离放大的输入范围。大功率变频器的电流检测则是采用霍尔传感器，利用输出导线穿过传感器产生的磁场大小来测定电流大小，霍尔传感器输出一个跟电流成正比的电压或电流信号，信号再送后级电路处理。

图 2.79 是串联电阻方式的变频器电流检测电路，在 U 相和 V 相分别串联了采样电阻 R_7、R_{60}，W 相没有串联采样电阻，但是知道 U、V 相电流后可以计算得到。当采样电阻有电流流过时，产生的电压降加到 A7840 的 2、3 脚，经过隔离放大 8 倍后从 6、7 脚输出。这些电流是有方向性的，A7840 的 6、7 脚输出电压差值可能是正的，也可能是负的，但 U、V、W 三相电流的代数和为 0，根据这一规律，已知 U、V 相电流大小方向，就可以采用运算放大器的加减法电路来设计得到 W 相电流的大小方向。

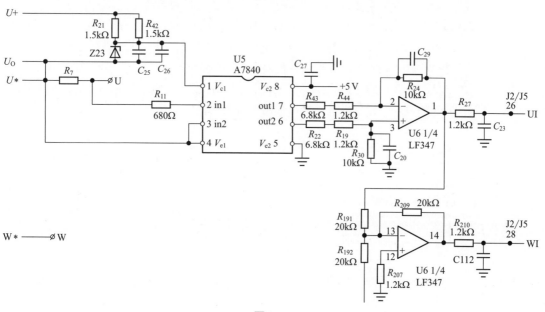

图 2.79

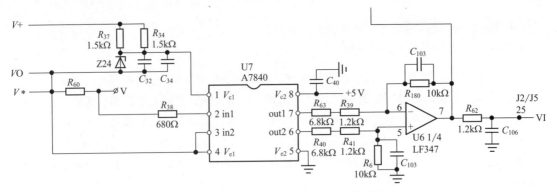

图 2.79 串联电阻方式的变频器电流检测电路

图 2.80 是常见霍尔电流检测器接线方法，检测器使用双电源，M 脚是电流输入输出脚，M 脚和 0V 端接有取样电阻 R_M，通过 R_M 的电流方向和大小可以反映穿过霍尔电流检测器的电流方向和大小，即可在 M 端取得反映大电流的方向和大小的电压。

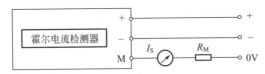

图 2.80 霍尔电流检测器接线方法

变频器电流检测电路的维修

变频器电流检测电路损坏会导致电路过流报警。有时候电机转动时会有异响却并不报警，这往往是电流检测电路的问题，因为检测到的某一相电流与实际电流并不一致，导致变频器输出力矩失算，造成三相不平衡，从而挤压电机轴承，发出异常声音。

对于使用隔离放大器检测电流的电路，维修检测方法和上面介绍的使用隔离放大器检测电压的电路差不多。对于使用霍尔电流检测器的电流检测电路，维修注意重点检测霍尔检测器是否失效。在变频器没有运行、0 电流时检测器信号输出电压应该也是 0V，如果和 0V 偏离太大，比如 1V 以上，则电流检测器损坏。也可以使用导线在霍尔检测器穿心孔绕多几圈，导线通电后，对比检测两个霍尔电流检测器输出电压大小，不应该出现明显差异。

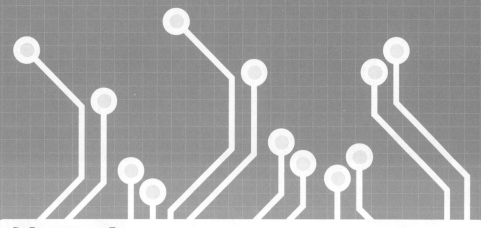

第 3 章
工业电源维修实例

3.1 机器人示教盒电源故障

故障：一台欧洲产机器人示教盒，通电无任何显示。

检修：首先应该怀疑电源变换电路。拆开示教盒，在特征明显的储能电感旁边一定可以找到电源变换芯片，并由此找到芯片和其它元件组成 BUCK 变换电路，将单个直流输入电压变换成各种数字电路和模拟电路所需电压，如 5V、3.3V、±15V 或 ±12V。工业上常用输入的是 24VDC 电源，这可以通过电解电容的耐压来辨识，如果电容耐压标称的是 35V或者 50V，就可以使用 24VDC 测试。该电路板电源管理芯片为 TPS54240，如图 3.1 所示。示教盒电路板上其它芯片的工作电压由输入 24V 的电压变换取得。

网上查找到 TPS54240 的数据手册，芯片外围电路如图 3.2 所示。

根据手册图纸找到电源输入端，焊线接入 24VDC 电源，测试输出端（电感和芯片没有连接的一端）对地电压，只有 1.6V 左右，查输出端的采样电阻值，经过手册给出的计算，确认是 5V，显然输出电压太低。输出电压低一般与采样电阻有关，经在线测试采样电阻正常，没有变值。注意到手册中必须在 BOOT 和 PH 端接一个 0.1μF 的自举电容，而且 BOOT和 PH 之间有 8V 电压，这个电压提供内部开关场效应管的驱动电压。使用数字电桥 10kHz0.3V 测试挡测试 BOOT 和 PH 端之间的电容，只有数十皮法，通电后电压达不到 8V，怀疑电容损坏，更换 0.1μF 电容后，通电测试，输出 5V 正常。

经验总结：开关电源电路的小电容，有些参与电路振荡，有些用于软启动或电压自举，作用很关键，如果维修陷入死胡同，一时半会没有找到损坏器件，不如从小元件入手。

图 3.1　示教盒电路板电源变换部分

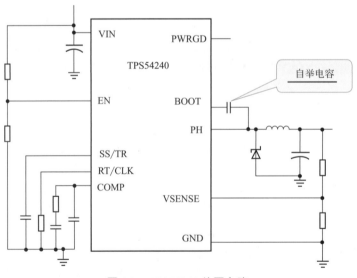

图 3.2　**TPS54240 外围电路**

3.2　船用伊顿 UPS 9355 启动跳闸故障

　　故障：一台船用伊顿 UPS，型号 9355 15kV·A，开启 UPS 输出时就跳闸，观察跳闸的是电池的输入断路器。

检修：使用面板执行启动命令后，发现电池输入断路器是被旁边的一个小的跳闸开关带动跳闸的，跳闸时并未显示任何报警。检测电池电压 410V，电池标称 384V，表明电池已经处于充满状态。拆开驱动板，测试模块没有任何短路，测试光耦输出正常。在线测试各路元件时，发现一个场效应管 V64（型号 IRFD120）的 G-S 短路，如图 3.3 所示。拆下场效应管，实测场效应管确实短路，场效应管控制极 G 的信号来自另一个芯片的输出，它们之间串联了一个 220Ω 电阻，电阻完好，判断应该没有其它连带损坏。更换场效应管，装好机器，UPS 可以正常启动。分析是因为场效应管损坏，UPS 内部驱动信号没有被输送到后级，因此没有工作。

图 3.3　船用伊顿 UPS 驱动板

经验总结：功率器件损坏概率相对较大，在线简单通断测试就能判断故障。对故障一时难以定位的电路板，不妨采用全部在线测试功率器件的方法，对模块、大功率场效应管、三极管、可控硅、二极管等进行地毯式测试排查，往往很容易就找到故障所在。

3.3　伊顿船用 UPS 模块爆炸

故障：伊顿 UPS 启动时模块炸掉，拆开发现一块驱动板损坏，如图 3.4 所示。

检修：此模块是西门康压接式模块，电路板上部分铜皮已经烧损。抠掉烧损铜皮和电路板受损部位，使用吸锡线铜网填补修整，另外使用电阻对比法和邻近的没有受损的相同的单元电路进行比较，检测相应的电阻、驱动光耦，将损坏部件更换。

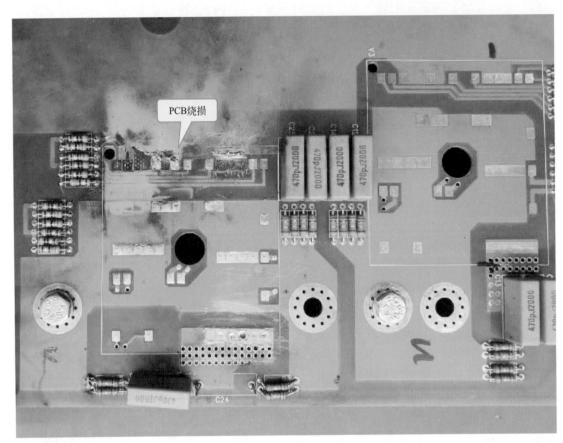

图 3.4　模块压接面烧损

　　光耦供电由板上的变压器次级绕组电流经整流滤波后取得，而变压器主绕组电源和驱动脉冲由另外一块电路板提供，联机整板测试不是很方便，设法为此板搭建单独的开关电源，尝试用可调电源在变压器的驱动主绕组电压输入端和 MOS 驱动管 S 极加 9V 电压，用信号发生器在 MOS 管的 G 和 S 之间加 9V、10kHz 方波脉冲信号，初始占空比 10%，慢慢调整占空比，监控各光耦电源电压，使得电压 >15V 以上，再依次给光耦输入端加信号，检测相应的各 IGBT 的 GE 之间电压，当每一次输入光耦信号后，GE 电压由负压转换为正电压，且各电压变化情况一致，则可以确认控制正常，完成整板修复。如图 3.5 所示，取板子上 3 个节点，分别是 0V、9V 和脉冲信号输入。

　　经验总结：某些电路板开关电源没有单独的振荡电路，只有变压器和后级，不妨模拟一下，通过接入占空比可调的驱动脉冲给变压器供电，使变压器后级有输出，并且可以通过监测后级电压的情况再慢慢调整输入变压器前级脉冲的幅度和占空比，以输出合适的电压，方便后续故障分析。

加PWM驱动开关变压器

图 3.5 模拟开关电源加电

3.4 ENAG UPS 屏幕无显示

故障：一台 ENAG UPS 使用过程中突然无显示，UPS 无电压输出。

检修：如图 3.6 所示，此 UPS 使用 240V 电池供电，因电池体积太大，UPS 移走维修，不便接入电池，于是通过可调变压器调整电压后整流滤波得到 240VDC 电源接入 UPS，UPS 内部继电器动作正常，但是屏幕无显示。测试 UPS 内部电路板开关电源各路输出电压为 5V，±15V 正常。在电路核心单片机芯片旁边找一个引脚测波形，有正常波形，说明单片机电路基本正常，怀疑显示屏有问题，显示屏有一个显示芯片控制，显示内容由单片机通过 I²C 总线传送过来，测试 I²C 总线波形，发现时钟线 SCL 波形正常，数据线 SDA 没有波形，对地一直低电平。去电，用万用表测试总线对地阻值，发现 SDA 对地只有 40 多欧，显然挂在总线上的芯片存在对地短路。检查确认挂在此总线上的芯片一共有 3 片，包括单片机、显示芯片和另一片 24C04 存储芯片，经断开芯片连接检查确认是单片机内部 SDA 总线对地短路（图 3.7），单片机内部程序加密，也不能从一样的 UPS 复制，只能放弃维修。

图 3.6　ENAG UPS

图 3.7　UPS 单片机引脚对地短路

经验总结：有程序的芯片，如果内部关键引脚出现短路，又不能复制程序，就应该果断放弃维修，以免浪费时间。

3.5 APC 3000W UPS 烧炸

故障：一台 3000W APC UPS 报告损坏，拆开发现功率驱动是由 4 组每组 6 个功率场效应管 IRF4710 并联组成的，有明显的功率管烧炸痕迹，如图 3.8 所示。

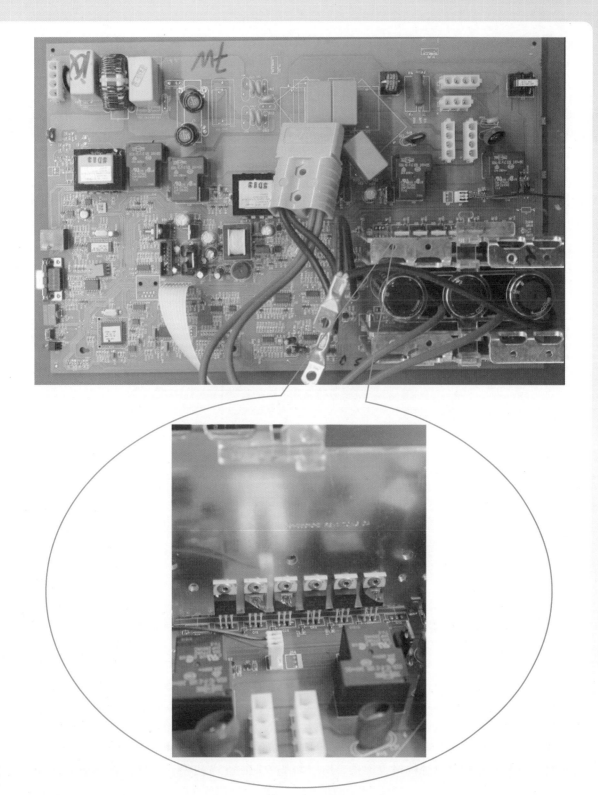

图 3.8　APC UPS 电路板功率管炸裂

　　检修：绝大多数情况下，功率管的损坏伴随前级驱动芯片的损坏，因为如果是场效应管的 GD 极击穿，高压就会串入前级驱动芯片，所以功率场效应管不能简单更换就贸然上电，而应该将驱动部分全面检查一遍，否则上电后可能再次炸机。此板顺着驱动场效应管的 G 极往前检查，测试相应部分元器件，发现驱动芯片为 HIP4082，此芯片组成的驱动桥电路图如图 3.9 所示。

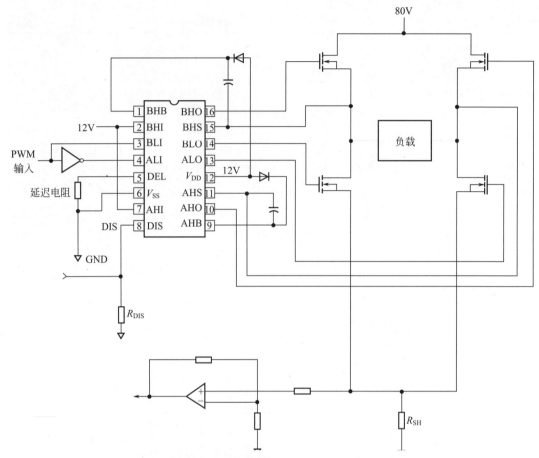

图 3.9　HIP4082 组成的驱动桥电路

　　由于模拟整个电路来测试芯片比较耗时，所以将此芯片拆下，使用在线测试仪测试 16 个引脚之间的 VI 曲线，曲线图形如图 3.10 所示，可以看到，芯片 6 脚和 1 脚、15 脚、16 脚之间的 VI 曲线是呈现纯电阻性的，实际使用万用表分别测试 6 脚对 1 脚、15 脚、16 脚之间的阻值，只有 200 多欧，而 6 脚是接地的，这说明 1 脚、15 脚、16 脚对地有短路漏电的情况。另外购买新的 HIP4082 芯片，对比 VI 曲线情况如图 3.11 所示，进一步显示电路板上曲线和新的芯片有着明显差异，更换 HIP4082，再检查周边小元件，没有发现其它问题。因为每一路场效应管都是并联的，只要一个炸掉，恐其它并联的管子性能变差，而此场效应管价格也不贵，所以将场效应管全部更换，确认无误后通电试机，一切正常。

　　经验总结：维修检查故障应该全面，要考虑电路损坏的因果关系，不能所见即所得，头痛医头脚痛医脚。对于不方便测试功能的芯片，不妨通过对比扫描引脚之间的 VI 曲线来判断是否损坏，往往引脚之间的损坏以 VI 曲线呈电阻性（即一条斜线）来体现。

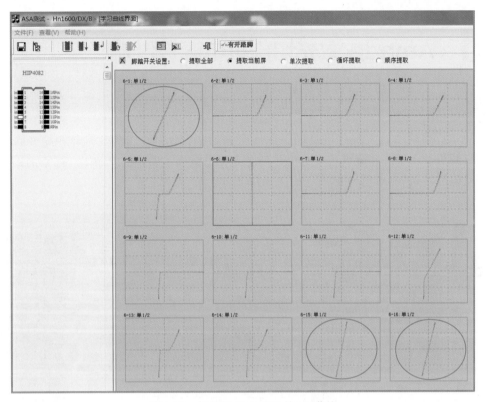

图 3.10　损坏的 HIP4082 的 VI 曲线

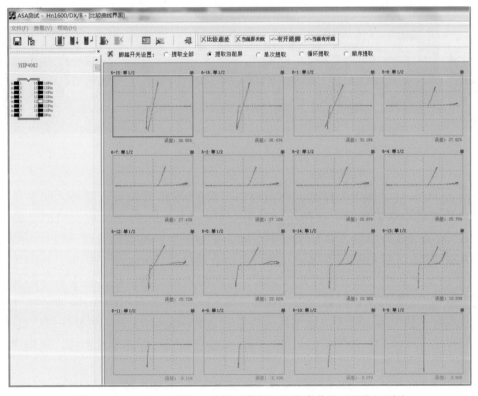

图 3.11　HIP4082 正常 VI 曲线（蓝色）和异常曲线（红色）对比

工业电路板芯片级维修 **彩色图解**

3.6 Amada 激光切割机电源报过流

故障：一台日本产 Amada 激光切割机，配 FANUC 激光电源，出现过流报警，没有高频脉冲电压输出。

检修：拆机检查，发现此机使用了数十个大功率 MOS 管，MOS 管分四路并联使用，驱动功率部分，产生高频交流逆变电流，再经大功率整流二极管整流输出。高频前置驱动信号串联电阻后接到 MOS 管的栅极。如图 3.12 所示。

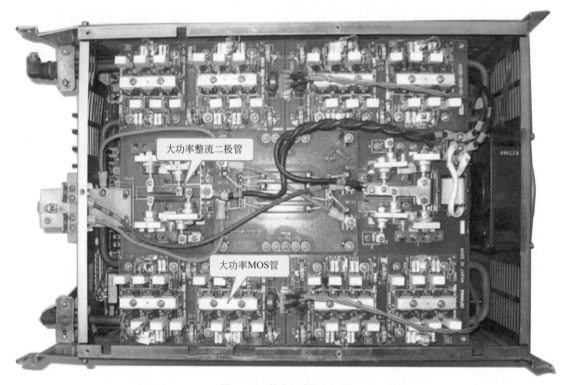

图 3.12　激光切割机电源

观察各 MOS 管及周边元件并无烧损痕迹。测量 MOS 管源极和漏极之间正反向二极管特性，发现其中一组导通电压偏小。因为一组有 12 个 MOS 管并联，所以要确定具体哪个 MOS 管损坏比较麻烦，要一个一个拆卸，检查更换后再重新装回，耗时费劲。用电动吸锡泵吸出 MOS 管的引脚焊锡时，发现引脚直径比焊盘孔径要小一半，所以可以只将 MOS 管源极漏极其中一只引脚焊锡吸空后，再将引脚掰一下，使之悬空不与焊盘过孔接触，再测此 MOS 管的源极漏极电阻，如果异常则可确定所测 MOS 引脚即是坏件。如此可以节省大量维修时间，循法快速找到了某个短路损坏的 MOS 管。更换坏件后复测 MOS 管源极漏极之间电阻和二极管特性正常。再在路检查其它元件，未见损坏。嘱用户试机，一切正常。

经验总结：某些电源会采用功率场效应管并联的方式来代替大功率模块，这种结构的电路损坏后，维修时要对并联的所有功率场效应管进行排查，因为并联的某个或某些功率场效应管如果开路，不单独检查是会忽略的。

3.7　FANUC PSM 电源模块报电压低

故障：一台 FANUC 加工中心电源模块低压报警，机器不能启动。

检修：用户有相同电源模块，将好坏模块上的可接插式控制板对调试机，发现故障在电源模块的控制板上，不在驱动板上。电源电压低应该属于电压检测方面的问题，自然与模拟电路或电压比较电路有关。电源模块的控制板如图 3.13 所示。

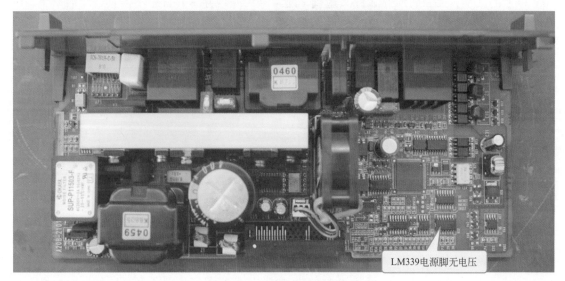

LM339电源脚无电压

图 3.13　电源模块的控制板

观察板上有一 7800 隔离放大器，此放大器在许多电流检测及电压检测电路中使用，且是故障率比较高的器件。为节省维修时间，将其拆下测试，发现并无问题。观察模拟电路部分有一片比较器 LM339，怀疑围绕此比较器电路出现问题。初步测量其它各脚对电源脚电阻值未有明显偏低，认为 LM339 大致是好的。依接线标注给控制板通以 220VAC 电压，检查 LM339 电源脚第 3 脚（电源正）与第 12 脚（电源负）之间电压，发现只有 0.6V 左右，显然 LM339 没有工作电压。测量 LM339 第 12 脚与 5V 地之间是通的，也就是说，正极电压不正常，可能前级电压不正常，也可能电路板走线有断路。观察风扇转动正常，风扇电源24V 实测 23.4V 且稳定，也算正常，而 LM339 是和风扇共一路电源的，说明电路板上一定有断线。使用热风枪吹下 LM339 芯片，吹的过程中发现芯片下面有很多油污冒烟。用洗板水清洗芯片下面的油污后，用放大镜仔细观察，发现连接 LM339 第 3 脚的走线过孔在油污的长期腐蚀下已经发黑，用万用表测量，走线过孔上下已经不通。将过孔上下焊盘部分用刻刀刮干净，露出铜皮光泽，然后用一根细铜线穿过过孔，上下用锡焊好，再焊回 LM339，通电复测 LM339 电源电压为 22.6V，原来电源是风扇电源再串联一个二极管后加到 LM339的第 3 脚。处理后交用户试机，报警消失，一切正常。

经验总结：某些数控机床油污环境问题突出，机床控制器电路板容易受到长期油雾积聚影响，从而腐蚀断线，接手比较脏、有油污的电路板应该注意这个问题。

3.8 西门子电源模块 6116 无输出

一台西门子伺服电源 6116 无直流电压输出，检查发现有 74 系列的芯片短路损坏，继续检查发现更多的 74 芯片损坏，且都为击穿短路，据此分析：有高压串入 5V 电路，可能使连接 5V 的芯片全部损坏，继续检查与 5V 相连接的芯片，又找到一只光耦、两个二极管、一片 AD 转换芯片、一片 EPROM 损坏。找一台正常机器将 EPROM 程序读出，重新烧录一片 EPROM 芯片，将其它损坏元件也全部更换，试机后发现输出直流电压波动很大，约有 70V 以上的波动，无奈将所有元件又检查一遍，并无发现异常，百思不得其解。后来重新理清了一下思路：控制板上的 AD 转换器是否参考电压不稳？仔细检查发现更换后的 AD 转换器后缀字符有点不同，查看 DATASHEET，发现其精度不如原装的，于是重新买一片跟原装一样参数的 AD 转换芯片，更换后试机，果然正常！

经验总结：更换芯片时，要注意芯片全部的信息，名称相同，后缀不一样，可能误差精度、工作速度、温度范围、封装形式有区别。特别是存储芯片，往往后级有用来表示速度的数值，大家应该引起注意。

3.9 台产逆变测试电源故障

一台湾产变频电源，输入 220VAC，输出 0 ~ 300VAC，40 ~ 60Hz 可调正弦波电压，用于小家电产品电压适应性的测试。故障是一上电，变频电源的接触器就跳闸。该电源生产日期较早，没有任何说明书。检查功率模块 GTR 基本正常，其它各电路板与好机对换，故障一样，所以故障一定在反馈元件。电压反馈通过一个 220V/22V 的变压器取得，然后通过电阻降压加至运算放大器变换。电流反馈通过一个互感器取得，输出电源线在互感器上绕了数圈，感应出随电流成正比的电压加至检测电路。当将检测电压的变压器输出断开时，通电后变频电源不跳闸，但调节一下控制电压大小的电位器，输出电压会迅速从 0 窜至 400V，并有蜂鸣器报警，应该是过压报警了。用万用表量变压器输出电压，发现输出电压随输入按 1∶10 变化，符合得很好，所以百思不得其解。

因 220V/22V 的变压器市面上不好找，所以找了一个 220V/24V 的变压器代替，通电后输出电压可以调节了，带上负载试机一切正常。以前的变压器锈迹斑斑，分析可能有部分漏电从变压器初级传至次级，从而使变频电源表现异常。

3.10 SANYO 伺服驱动器电源板电容爆浆，电路板烧穿

故障：一台 SANYO 伺服驱动器的电源板有电容爆浆，电解液流出，腐蚀电路板，导致短路将电路板烧穿。如图 3.14 所示。

电容爆浆漏液

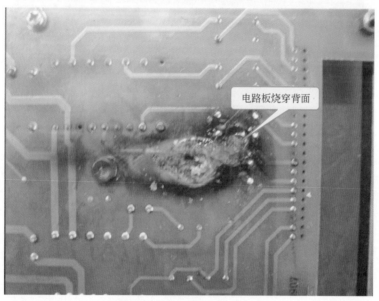

电路板烧穿背面

图 3.14 电容漏液短路烧坏电路板

检修：检查开关变压器，用万用表测量变压器各个绕组，没有发现开路，说明此板还可修复。分析电源部分各元件大致分布组成，发现这部分是给 IGBT 模块的光耦驱动部分提供电源，其中上桥独立三组，下桥一组，另有 CPU 板 5V，IO 及风扇部分 24V，模拟部分 12V 都是此板供电。将烧毁元件剔除，将电路板烧毁碳化部分用锉刀全部锉掉，彻底清除，直到露出电路板本色内部，然后根据电压的去向分析连线方法，取相关电容、二极管及电阻元件搭线焊上，老化的电解电容也全部更换。通电测试各输出电压正常后，用热熔胶固定搭接的元件，修复完成。如图 3.15 所示。

经验总结：对于有烧损痕迹的电路板，清理时应该彻底清理干净，以免碳化部分导电引发再次损坏。

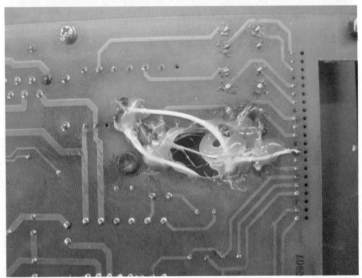

图3.15 电源修复后

3.11 BRUKER ESQUIRE 2000 质谱仪 主电源无输出

故障：某研究院一德国 BRUKER ESQUIRE 2000 质谱仪通电无反应，用户诉电源保险曾经烧断，因为220VAC回路中是双保险，所以将一保险座两端直接短路，发现机器能工作一段时间，而后又无任何反应。

检修：现场检查发现220VAC进线端L和N都串联了6A的保险，L端的保险已经烧断，用户使用了带插头线将L端的保险两端短接，查220VAC电源L和N后级之间电阻为2Ω，怀疑有短路，但仔细检查后发现，2Ω电阻是一个真空泵的线圈电阻，去掉真空泵的接线，电阻值为 700Ω 左右，此电阻是一个电源箱的电阻，电源箱一般都是开关电源，L 和 N 端 700Ω 电阻似乎不正常，怀疑电源箱有问题，将电源箱从设备上拆下。电源箱和主控板的连接如图 3.16 所示。

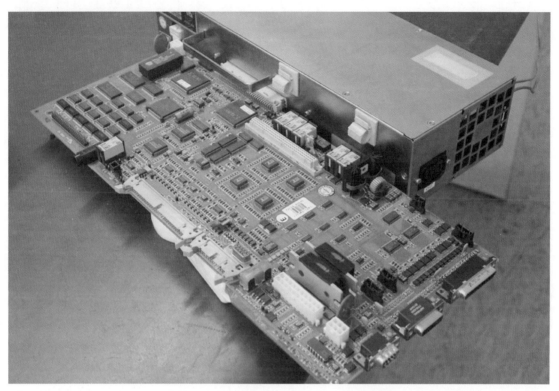

图 3.16　德国质谱仪电源箱和主控板的连接

拆开电源箱，观察内部结构，大致分析电源结构是这样的：220VAC 经过两个 220V 转 12V 小功率变压器后，次级绕组得到数个低压交流电压，经整流滤波稳压后取得初级控制电压，初级控制电压经电源箱和主控板接口送给主控板，控制板判断某些情形正常后控制一个继电器，继电器再将主电源模块的 220VAC 输入电压接通。粗略检查变压器及周边各处元件，并无明显损坏，各电源模块未有短路烧损痕迹，试着给电源箱通电，测试电源箱输出 +5V、−5V、+15V、−15V、+24V 全都正常。判断此电源箱正常，怀疑机器其它地方有短路或者用户描述有误。

到用户处将电源箱装回机器，装好保险通电试机，居然一切正常。但好景不长，10 分钟后机器电源失效，但保险未烧断。告知用户可能他的描述有误，我们判断电源确实有问题，但不可能烧保险，经仔细询问，用户道出实情：机器最初有烧保险，通知代理商后，代理商判断电源箱损坏，于是将电源箱换了新的，并将保险两端短接（因此保险特殊，不好替代），机器工作了 1 个多小时后又无输出，代理商判断是其它地方有问题，他们不敢再修，用户只好找我们专业维修公司维修了。估计因为担心维修费过高，他们只称是第一次交给我们维修。

如此我们心里大概有谱了。我们判断是代理商换的电源箱也是有时好时坏的问题的，因为从先前拆卸后观察到的内部情况来看，元件不会是新的。我们再将电源箱带回，拆开检查，将此电源箱的电源结构重新梳理了一遍，发现主电源全部使用了 VICOR 公司的谐波衰减整流模块和 DC-DC 模块，如图 3.17 所示。

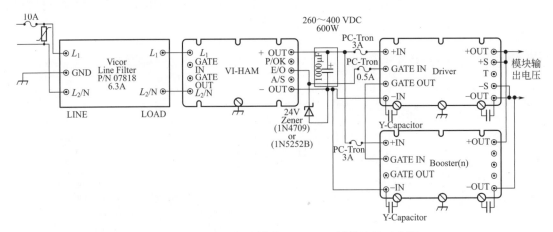

图 3.17　谐波衰减整流模块和 DC-DC 模块连接示意图

图 3.17 中 220VAC 电压经 VI-HAM 模块衰减谐波并整流后得到直流电压从 +OUT 和 −OUT 端子输出，直流输出连接至后级 DC-DC 模块，并且 DC-DC 模块的输出使能端受 VI-HAM 模块控制，即 VI-HAM 的 E/O 脚连接 DC-DC 模块的 GATE IN 脚，只有当 VI-HAM 模块输出直流并联的电容上充电稳定后，E/O 脚输出高电平，才可控制 GATE IN 将 DC-DC 模块的输出置为有效。

电源箱通电实测 +OUT 和 −OUT 之间电压为 300V，但 E/O 始终是对 −OUT 端低电平 0V，取下 VI-HAM 模块，单独通 220VAC 电压，测 +OUT 和 −OUT 之间的电压是 300V，万用表二极管挡测量 E/O 端对 −OUT 是通的，判断 VI-HAM 模块内部已坏。购新模块，使用指针万用表 ×1k 挡测量对比原模块各引脚之间的电阻，发现 E/O 对 −OUT 脚的电阻值确有差异，给新模块单独通 220VAC 电压，输出直流 410V 左右，至此可以确认 VI-HAM 模块有问题。电路板焊上新的 VI-HAM 模块后，通电试机，各路电压 −5V、−5V、+15V、−15V、+24V 全部正常，通电 3 小时左右，电压稳定正常。将电源箱装回机器，一切正常。

经验总结：即使没有见过的电路板，只要从网上下载元器件的数据资料，分析关键元器件的工作原理，联系原有经验，也可以理清维修思路。

3.12　FANUC 电源模块报母线电压高

故障：一台数控机床使用的 FANUC 电源模块上电，LED 显示"7"，查故障代码解释为"控制板检测到直流侧高电压报警"。用户已经更换其它相同电源模块，因此判断故障就是该电源模块。

检修：正常情况下，此类 FANUC 电源模块加 220VAC 控制部分电源电压后，即使未接入三相交流主电源，其它端子没有任何连接，数码管也会显示"−"，若显示其它任何数字或字符就属不正常。在如图 3.18 所示的 AC 200-240V 端子上接入 220VAC 电压，数码管显示"7"。

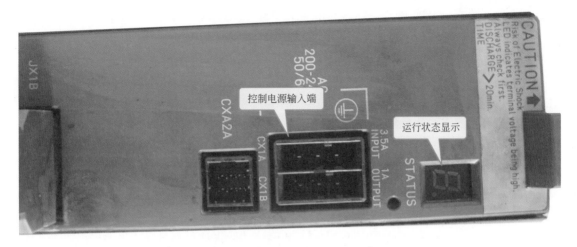

图 3.18　**FANUC 电源模块 AC 200-240V 端子接入电压**

　　将主控板从电源模块插槽中抽出（图 3.19），一眼就看到白色的 A7800 隔离放大器，这一放大器通常在电路中用作电压或电流检测，此板就是用于检测直流母线电压的。直流母线正极从驱动板上连接到 A7800 第 3 脚，负极串联三个 27kΩ 电阻后接到 A7800 第 2 脚，

图 3.19　**FANUC 电源模块主控板**

母线电压的变化在 A7800 的 2、3 脚取样后由 A7800 的第 5、6 脚隔离放大约 8 倍，再到后级处理，经 AD 转换后送 CPU，CPU 据此可判断母线电压大小并采取相应指令动作。此例为 A7800 的第 1、4 脚之间没有 5V 供电，顺着电源来路，查到是电路板有一个过孔不通。

经验总结：A7800 等光耦属于容易损坏元件，通常单个的用于驱动器电压检测，成对的用于驱动器电流检测，如果驱动器有电压电流报警，而实质上不存在电压电流问题，那就是检测的问题，而如果驱动器有类似光耦，就要以光耦为中心加以检测。

3.13 FANUC 电源模块启动后出现故障代码 "7"

故障：一台 FANUC 加工中心 α iPS 11 电源模块 A06B-6140-H011，用户反映机器启动后，数码管显示故障代码 "7"，查故障描述手册，解释为：主电路直流部分（DC 链路）电压异常升高，原因一是电源的阻抗过高，原因二是紧急停止接触状态下主电路电源切断。

检修：在实际检修过程中，我们发现，维修手册给出的故障可能性往往只是表象，是假定内部元件未损坏的前提下的判断，单凭维修手册往往不可能解决实质问题。此故障就是典型一例。此板与上一个维修实例的故障代码相同，但故障出现的时机不同，上个实例中故障代码是模块一上电便出现，此例是机床启动后才出现的。检修还是围绕隔离放大器 A7800 为核心来展开，故障代码 "7" 是反映电压高，首先要区分故障在 A7800 前级还是后级。

取下主控板，通以 220VAC 电压，发现 A7800 输入和输出部分的电源电压 5V 都正常，从主控板上取下给 A7800 前级供电的三端稳芯片 78M09，相当于不给 A7800 输入级电源供电，然后将主控板插入插槽，通电后立刻出现报警代码 "7"，说明故障在 A7800 输入级。循着 A7800 的输入脚第 3、4 脚查找，降压检测电路的所有元件未见异常。用户反映通电运行后才报故障，是不是 A7800 热稳定性变差导致呢？但见 A7800 芯片的生产日期标识为 2012 年，凭经验判断，A7800 损坏通常须要 10 年以上，这个年份的 A7800 还不至于损坏，权且让其通电较长时间试一下。刚通电时测 A7800 的第 6、7 脚之间的电压是 8mV，经过 30min 后再测其电压仍然是 8mV，说明 A7800 应该没有问题。至此维修陷入困境。

会不会不是电压检测的问题呢？即电压检测是对的，而确实是直流输出电压高了？我们知道，这个电源模块是输出电压可控的，不是三相直接整流输出的形式，如果内部控制失误，也会引起输出直流电压的升高。维修手册解释有一种可能的原因是电源的阻抗过高。什么意思呢？换句话说，就是负载太小。那么模块怎么判断负载太小的呢？当然通过输出电流来判断，而电流大小的检测无外乎两种形式，模块功率不大的情况下串联小电阻，通过检测电阻的电压大小判断电流大小，模块功率较大则通过霍尔元件来检测。此模块属于功率比较大的，使用霍尔元件检测。

通电后，万用表测两个霍尔元件的输出信号脚电压，正常情况下应该是 2.5V 左右，但其中一个输出仅有 1.4V，说明该霍尔元件已经损坏，购新件将其更换。用户上机试用后，故障再未出现。

经验总结：根据机器报警去检查相关部位，要看报警的全面解释，深刻理解报警和可能故障点的关系。

3.14 STORZ 内窥镜冷光源 XENON NOVA 175 故障

故障：某医院使用的 STORZ 内窥镜冷光源（型号 XENON NOVA 175）出现故障，通电后有嗒嗒声，内部高压氙灯随着几次嗒嗒声闪烁一下，周而复始，不能持续点亮。内部电路板图 3.20 所示。

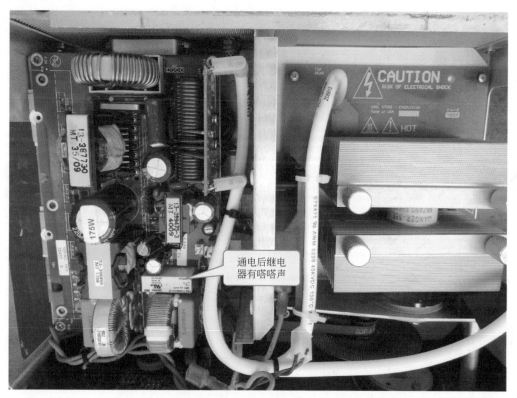

通电后继电器有嗒嗒声

图 3.20　内窥镜冷光源 XENON NOVA 175 内部电路板图

检修：仔细听嗒嗒声来自内部一个 12V 继电器的吸合声。对整个设备跑了一下线路，弄清楚了此光源的大致结构。220V 输入设备后，整流桥整流，经过 PFC 电路进行电压提升，在主电容两端得到 385VDC 电压，再由升压电路得到上万伏特以上电压点亮氙灯。发出嗒嗒声的这个继电器常开触点并联了一个 12Ω 电阻，用来减少通电瞬间大电容充电的冲击。PFC 电路控制和 PWM 控制由一个芯片 ML4824 完成。通电后监测继电器线圈上的电压，发现一直在跳变，而继电器线圈的电压来自芯片 ML4824 的电源脚，发现这个电压也在跳变。判断电源有明显的保护现象，造成芯片和继电器的供电不足。

先确定电源管理芯片 ML4824 是否有问题，给芯片的 V_{cc} 脚和 GND 脚接入 15V 维修电源，示波器观察 11 脚和 12 脚都有方波输出，说明故障不在芯片。检查电压反馈和电流反馈部分元件，也没有明显故障。用户拿过来两台设备，另一台故障不一样，于是两台设备对比阻值测试，也没有发现明显问题。怀疑由于电路板脏污，在大阻值电阻（如图 3.21 所示的 R_{7A}、R_{7B}）两端形成并联效应，使得阻值减小，取样电压升高，从而触发过电压误报警。

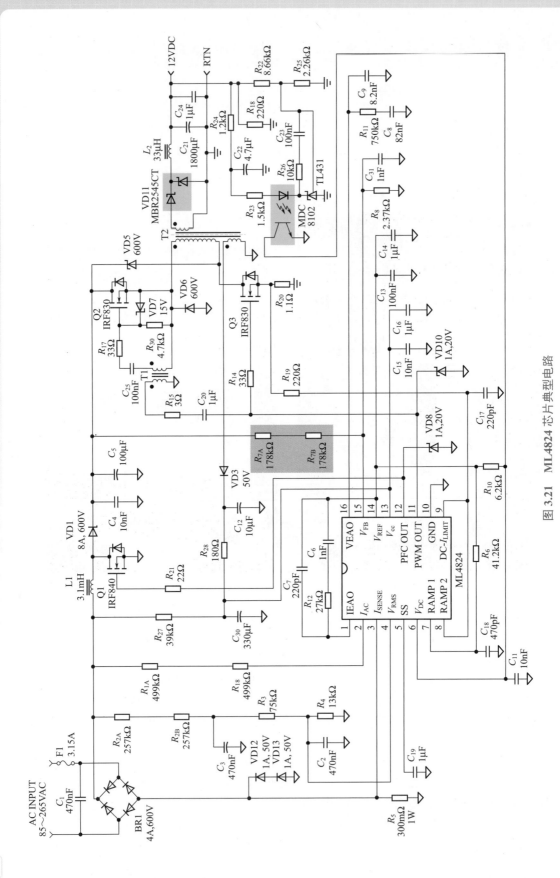

图 3.21 ML4824 芯片典型电路

用洗板水清洁电阻周围的电路板，用热风枪吹干后，通电，故障消失。连续通电 4 个小时，氙灯一直点亮。交付用户使用，反映使用几天后，故障依旧，退回重修。怀疑使用环境是否潮气太重，又将电路板整体清洗，吹干，试机几天，没有问题，但是客户使用了几天，还是出现相同故障。

怀疑有过孔虚焊，或者某个贴片元件下面的脏污受热胀冷缩影响（图 3.22），电阻效应表现不一样。最后不管其它元件，专门针对贴片元件，将图 3.21 的 R_{7A}、R_{7B} 相同位置贴片电阻焊下，将电阻浸泡在洗板水中，将贴片电阻下面部分的电路板彻底清洗，上电试机，故障不现，说明这一次找到了故障点。交给用户使用数月，果然没有再反映有故障出现。

电阻下面有胶质引起阻值变化

图 3.22　内窥镜冷光源 XENON NOVA 175 故障点

经验总结：维修开关电源应将开关电源的几种拓扑结构弄清楚，记住典型特点，维修跑线路就比较清楚明了，寻找故障也就比较有目的性。

3.15 施乐辉冷光源 dyonics 300xl 不能点亮灯泡故障

故障：施乐辉冷光源见图 3.23。装置通电后灯泡不能点亮。

检修：发现此光源与 XENON NOVA 175 型号大同小异，电源管理芯片也是 ML4824。测试周边各功率 MOS 管、二极管、电解电容都正常，ML4824 输出脚 11 脚对接地脚 10 脚之间阻值也正常。将 ML4824 拆下，记录各脚对接地脚第 10 脚的 VI 曲线，发现第 2 脚对 10 脚 VI 曲线与正常值差别较大，单独使用指针表 x1k 挡测试，故障芯片阻值偏小明显，正常有 50kΩ 左右，此芯片阻值为 20kΩ 左右。更换新的 ML4824，通电后灯泡点亮，持续测试数小时正常。

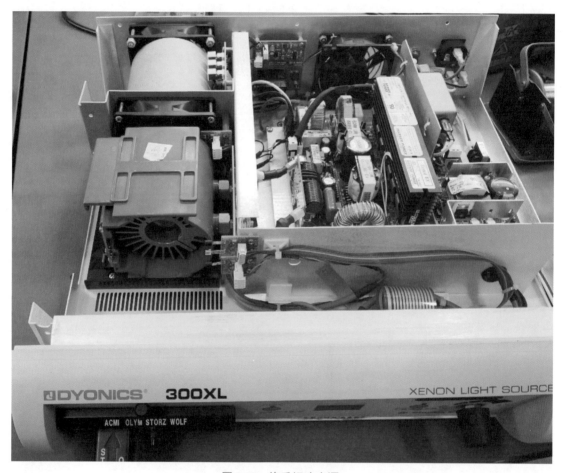

图 3.23 施乐辉冷光源

经验总结：对于比较难以判断好坏的芯片，不妨使用 VI 曲线对比好的芯片判断，这样比较有把握。

3.16 某多路输出电源多种故障

故障：某机器电源，输出 +24V、+12V、−12V、+5V、+3.3V 多路电压，如图 3.24 所示，客户反映输出电压低，给别人修后，非但未修好，还把两个疑似 SOT23 封装的贴片三极管拆坏了，看不到丝印标记。如图 3.24 所示。

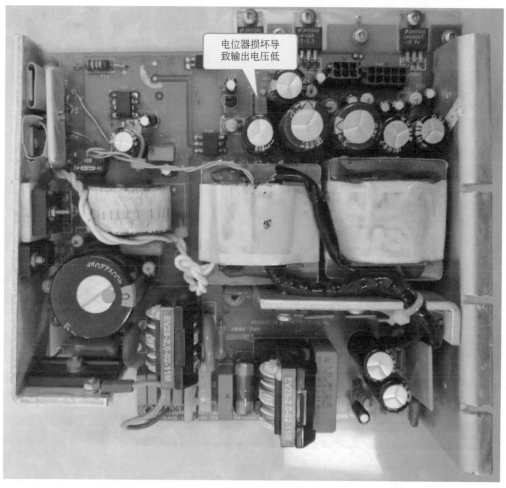

图 3.24　开关电源正面

检修：先分析被拆掉的元件可能是什么，试着寻找可以代换的元件。图 3.25 矩形框所示是双管正激式开关电源的两个开关管，根据电路板走线跑图，大致电路如图 3.26 所示，推测拆走的元件是 Q3、Q4 所示的 PNP 型三极管，此三极管可使输入低电平时 GS 电压迅速泄放，达到关断场效应管 Q1、Q2 的目的。选择手头现有的 PNP 型三极管 BC807 焊接在图 3.25 所示拆掉的元件焊盘上，给此电源的电源管理芯片 FAN4803 单独通 18VDC 电压，示波器观察 Q1、Q2 的 GS 之间波形正常。

给整个电源通以 220VAC 电压，空载测试各路输出，发现 +24V 输出只有 +16.6V，+12V 输出只有 +8.6V，-12V 输出只有 -8.6V，+5V 和 3.3V 输出正常，怀疑电压反馈的问题，试着调整图 3.24 所示的电位器，调整后输出电压有变化，但调到最大位置时，+12V 输出只能达到 10V 左右，而且当金属螺丝刀调整电位器时，变压器有嘶嘶声，怀疑电位器内部损坏，更换此 5kΩ 电位器，调整时变压器不再有嘶嘶声，而且可以使各路电压正常。电源交用户使用，反映正常。

经验总结：如果熟悉电源的各种拓扑结构，即使某些元件缺失，也可以根据经验和公版图纸推测元件参数，重新换新。

图 3.25　开关电源背面

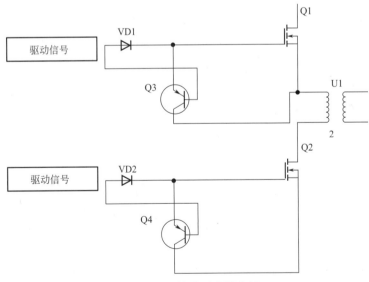

图 3.26　元件推测跑图分析

3.17　半导体行业电源时好时坏故障维修 〈

故障：图 3.27 所示为 1 块半导体行业电源电路板，用户反映使用 1 个多小时后电源就突然没有输出。

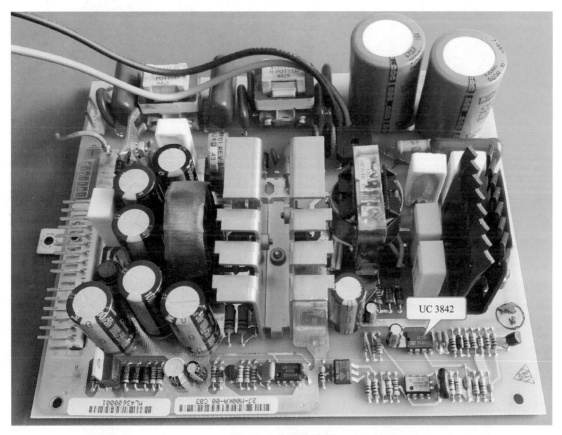

图 3.27　电源电路板

检修：使用数字电桥在线测试小电解电容，发现有一个 10μF/50V 小电容 D 值稍偏大，显示 0.15，怀疑此电容特性不好引起问题，更换后用户试机反应还是一个小时后出现问题。返回再次维修。通电后使电源工作，同时监测输出电压，将热风焊台调至 100℃，用热风焊台风嘴对着怀疑的芯片吹热风，发现将热风对准芯片 UC3842 吹时，大约不到十秒钟，电源就没有输出了。将 UC3842 芯片换成新的，再次用热风对准加热，发现长时间电源都输出正常，因此确认是 UC3842 的热稳定性不好，引发过一段时间电源就没有输出的故障。电路板处理后交用户使用再也没有出现问题。

经验总结：热稳定性不好以电解电容为主，热稳定性不好的 IC 非常少见，如果怀疑，不妨通过热风加热使故障重现，或用酒精擦拭芯片表面散热使故障消失的方法来确定故障芯片。

3.18 OKUMA 直流电源模块维修

故障：维修中心接到客户送修 OKUMA 直流电源模块一台（图 3.28），型号为 MPS 10，机台报警号 0854，故障解析是电源单元发生异常，电源单元报警代码为 09。

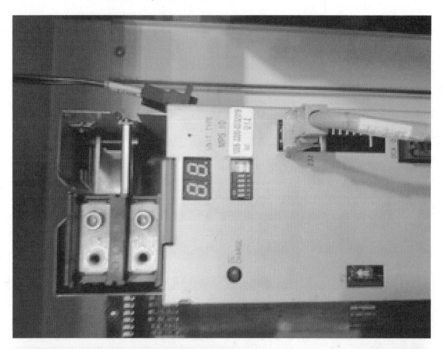

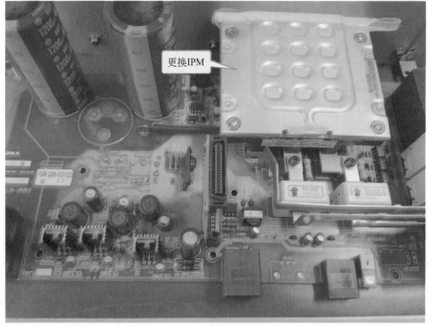

更换IPM

图 3.28　OKUMA 直流电源模块

　　检修：客户使用的是 OKUMA 的 OSP-P200L 数控系统，根据机台报警信息，对可能的电源单元故障做以下排除：测量直流母线电压，排除直流母线电压异常；测量输入 3 相 220VAC 电压，排除输入电压异常；测量 24VDC 电压，排除控制电源异常；排除散热器过热情况。除了以上故障外，还有一个可能是电源设备 IPM 故障，IPM 为一个智能模块，无法离线检测，定位故障为该模块损坏，由于该配件价格昂贵，只能在排除其他可能性后再予以更换试机，如果判断错误，维修成本就比较高。经更换 IPM 模块后试机正常。

　　经验总结：IPM 模块损坏，除非有明显故障，一般不太好检测，通常通过代换的方法来验证。如果维修量大，可以考虑自制测试电路来检测，模拟 IPM 的真实工作状态来测试。

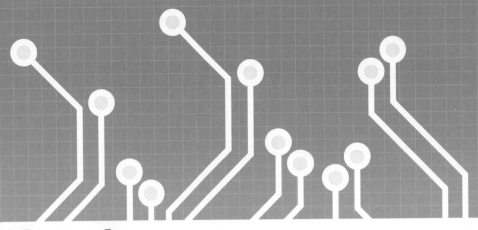

第4章
工控机维修实例

4.1 印刷机工控机无显示

故障：一台印刷机的触摸控制屏无显示，屏幕不亮，通电无反应。

检修：拆开显示屏内部，发现控制是由一款工控机主板来实现的（图4.1），工控机的供电由两个 DC-DC 模块完成，1 个模块将 24V 转换成 5V 电源供应数字电路部分，另一个模块将 24V 电源转换成 ±12V 电压，供模拟部分使用，如图 4.2 所示。给系统通以 24VDC 电压，发现 24V 转换 5V DC-DC 模块迅速烫手，升温很快，实测 5V 输出端电压只有 1.6V，迅速断开电源，用手触摸电路板上其它芯片，发现一块 Lattice 芯片尤其烫手，推测正是此芯片短路拉低了电压，断电后测量 5V 两端电阻值，只有 9Ω。LATTICE 芯片为 CPLD（复杂可编程逻辑器件），内置程序，不能购买新件替换，于是在网上淘得相同工控机板子一块，将板替换，跳线与维修板设置成一致，并将维修板电子硬盘拆下插于所购板子相同部位，通电试机，系统恢复正常。

经验总结：包含程序的芯片短路，不能买新的元件更换，应设法复制相同程序或找到包含相同程序的电路板或芯片进行替换。

图 4.1　工控机主板

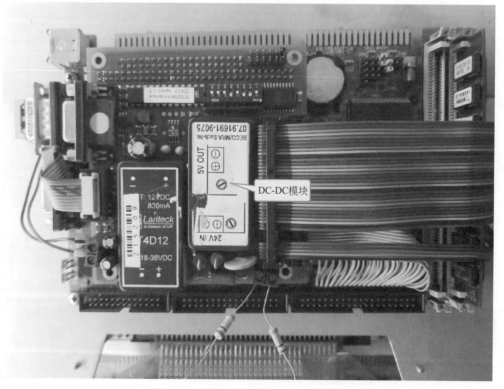

图 4.2　工控机电源变换 **DC-DC** 模块

4.2 研华工控机主板不开机故障

故障：一台注塑机，上电后屏幕无显示，经用户确认是注塑机的控制主板引起的故障，该主板本来是从好机上拆下到其它机器试机，试机时怀疑弄坏了。

检修：将主板插入专用的工控板插槽，连接显示器、键盘，通电，观察显示器无任何反应。基于用户反映的情况，先从外观上检查板上有无损坏的痕迹。除了查看较容易观察的元件，还要使用放大镜查看细小元件，例如小电阻、电容以及芯片的细小引脚等。

检查后发现有两个小元件有明显被碰离焊盘的状态，如图4.3所示。测量电阻的焊盘两端电阻值，显示有数百千欧，而电阻标记的是22Ω，这样的小阻值电阻一般是串联在电路中，无此电阻，则此路信号必定断开，这很有可能是主板不开机的原因。电容的引脚也已经碰掉，虽然电容断开对电路的影响可能没有那么重要，但电阻开路会造成主板故障是肯定无疑的。测电阻阻值还是22Ω，将其重新焊回电路。电容的引脚已经破损，但尚可测其电容，将其焊下，测其容量为10nF，找相同封装、容量的电容代替焊上。重新插入插槽，通电，"嘀"的一声，显示器有了显示，说明已经可以开机，故障排除。

图4.3 研华工控机主板不开机故障

经验总结：某些看似复杂的板子，可通过目测观察是否有明显的烧蚀、破损、断线等痕迹来定位故障所在，而不必大费周章做过多检测。

4.3 工控机主板 USB 口失效故障

故障：客户反映在插拔此工控主板 USB 接口的时候，发现数据不能传输。

检修：USB 接口包括 V_{cc}、D+、D-、GND 共 4 根线，使用万用表测试 D+ 对地只有40Ω 左右，D- 对地电阻也只有 38Ω。随手找身边带有 USB 接口的某块电路板，不通电时测试，对比结果发现被修电路板存在短路情况。使用万用表通断挡扫描 D+、D- 信号的去向，发现其连接到了一个双列贴片密脚芯片，拆下此芯片再测试 USB 口 D+、D- 对 GND 阻值，在数十千欧以上，实测该芯片对其接地脚电阻 40Ω 左右（图 4.4），确认该电阻损坏。购买新的芯片代换，问题解决。

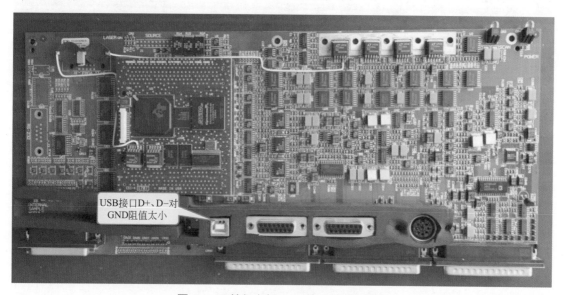

USB接口D+、D-对GND阻值太小

图 4.4　工控机主板 USB 接口不通信故障

经验总结：USB 口的两路信号线对地和电源端呈高组态，如果电阻值太低，说明与此线连接的芯片损坏。

4.4 工控机主板与变频器不通信故障

故障：使用者反映该控制器与变频器不能通信，不能控制变频器启动，更换其它相同电路板可以启动变频器。如图 4.5 所示。

检修：通常工业控制使用 RS485 通信方式，既然通信不上，就应该先查找 RS485 通信芯片。发现电路板上有两个 8 脚芯片 MAX485，这类芯片差分信号引脚都是要连接到接线端子的，于是使用万用表蜂鸣器挡顺着第6脚、第7脚检查看连接到哪一个端子位去了。结果测试中无意发现6、7脚之间的电阻值非常低，只有5.4Ω，拆下这一个MAX485芯片，发现确实是这一个芯片6、7脚之间短路，同时6、7脚又和5V是短路的。更换这个芯片，上机测试，故障排除。

MAX485的6、7脚对电源5V短路

图 4.5　工控主板通信故障

经验总结：8脚的RS485芯片建议按照如下过程测试：①测试6、7脚是否和外接端子连通；②测试6、7脚分别对地、对电源即分别对5、8脚之间的电阻值是否一致，如果偏差太大或短路，可能存在问题；③测试6、7脚之间的电阻值，如果短路，判断芯片损坏；④也可把芯片拆下，使用能够测试RS485芯片好坏的测试仪来测试。

4.5　伦茨带触摸屏工控电脑无显示

故障：如图4.6所示，一台伦茨工控电脑，通电后显示数秒LOGO画面就再无任何显示，也无任何报警。

检修：给电脑接入24V电源，通电后，有图片LOGO显示在屏幕上，电源显示电流400mA以上，但大约经过三四秒时间，显示黑屏，触摸屏幕没有任何反应。拆开电脑外壳以后，发现电脑的CPU及内存芯片都在一片插卡上，此卡插在主板插槽内，如图4.6所示。

图 4.6　触摸屏无显示故障

　　既然电脑有 LOGO 显示，说明 CPU、电源、内存及显示部分元件都是好的，判断是电脑检测到外设有严重错误而自动关机。将插卡与好机对换，故障依旧，说明故障在主板上。怀疑插槽接触不良，将其清洗并仔细检查，确认插槽没有问题后通电试机，故障不变。顺便检查电源情况，24V 经变换后得到 12V、5V、3.3V 电压，用万用表检查，各电压稳定，示波器检查亦无纹波。怀疑主板与 CPU 卡板之间的信号接口芯片 CPLD 及相关电路有问题，测试此芯片与插槽脚位的串联电阻，阻值未见异常。除 CPLD 以外，将主板上其它芯片与好机对调，故障依旧。怀疑 CPLD 损坏，因 CPLD 含用户程序，不敢和好机对调以防对调后损坏到好机 CPLD 程序。本想就此放弃维修，后在观察电脑启动至稳定期间电流变化时发现，好机在瞬间达到 300mA 后变为 200mA 多一点，而坏机瞬间会达到 430mA，然后变为 10mA 左右，根据平时经验，此种电脑的显示器部分消耗了绝大部分电流，坏机有没有可能显示部分耗电过大而自关断呢？于是将好机的显示部分高压条输入 12V 电源插头拔掉，启动观察发现机器稳定后的电流也是 10mA 左右，这说明有可能坏机本身一直启动都是正常的！只是高压条在启动过后关断了，灯管未被点亮，于是在显示屏上看不到任何东西。于是将好机坏机高压条对调，坏机显示正常了！故障点指向了高压条，将高压条拆下，仔细检查发现 PCB 板上有一个焊盘过孔腐蚀断开（图 4.7），接细铜线上下连通后试机，一切正常。

　　经验总结：维修人员可以备一些各种型号高压条和灯管，在维修显示屏不显示故障时可以通过调换的方法迅速判断故障所在。

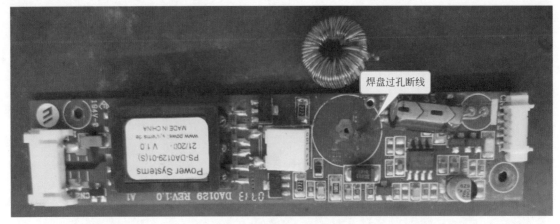

图 4.7　高压条过孔断线

4.6　得逻辑无线终端 8255 无显示

故障：一台港口集装箱码头调度使用的加拿大产得逻辑无线收发终端，型号 8255，通电后主板蜂鸣器鸣响正常，但显示屏无任何亮光。

检修：如图 4.8 所示鸣响正常说明 CPU 工作正常，应该先查显示屏的供电。主控板上有两路电源接入显示器，一路 12V，一路 5V，其中 5V 提供显示器 CPU 和逻辑芯片的电压，12V 提供一个开关电源的输入电压，开关电源再输出 100V 的直流电压提供给驱动芯片来控制点亮像素点。

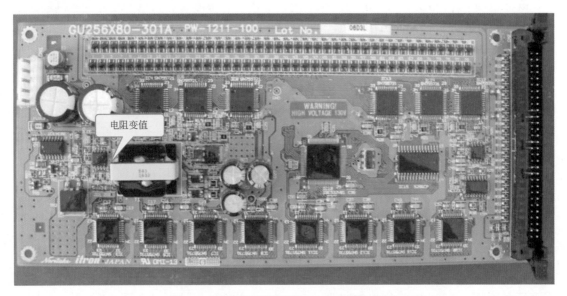

图 4.8　得逻辑无线终端 8255 显示器电路板

找到开关变压器旁边的开关管，整机通电后用万用表量栅极对源极电压只有 0.1V，明显偏低，再用示波器测栅极对源极波形，没有测到 PWM 脉冲波。顺着栅极往前级找，发现

PWM 信号从一个 PWM 芯片发出,经过一个 100Ω 电阻接到开关管的栅极。没有 PWM 信号,说明开关电源没有正常起振。原因可能是:①芯片的供电电源不正常;②芯片的外围元件有损坏导致不起振;③芯片本身损坏。测芯片的供电脚第 7 脚对地电压 11.7V,是 12V 串联一个二极管后得到,正常;在线测量芯片外围的各电阻,发现有一个标称 2.2kΩ 的电阻在线测试读数为 9.6kΩ,显然该电阻已经损坏。更换此电阻后整机上电试验,显示器屏幕已经有字符显示,对比度及亮度指标正常。

经验总结:此例显示屏电阻经常损坏,分析应该是设计 2.2kΩ 电阻的功率裕量太小,从而使得电阻容易损坏,为避免以后再次损坏,延长保修期,可选用功率大一级的相同阻值电阻更换。维修有通病的电路板时,应该善于总结规律,为以后的完美维修积累经验。

4.7　纸巾印图控制器 CAMCON 51 显示屏字符无显示

故障:一条彩色餐巾纸印刷线的控制器 LCD 显示屏,用户反映若干月前 LCD 字符只有隐隐约约显示,至最近显示全无,在不涉及参数控制修改时,尚可使用,一旦要使用显示屏修改参数,因为屏幕无显示,就完全不能用。

检修:如图 4.9 所示,拆开控制器后盖,发现该控制器使用单片机及 CPLD 芯片组成系统,

改可调电阻,调对比度

图 4.9　CAMCON 51 控制器

有若干模拟数字 IO 口。因为控制器还能控制，判断 CPU 及 CPLD、IO 电路各部分正常。仔细从侧面角度观察 LCD 显示屏，可发现有非常模糊的字符显示，判断应该属于对比度失去控制。LCD 使用 20 个引出脚焊接在主控板上。此 LCD 是 128×64 点显示，查资料 LCD 的第 17 脚是对地负压，此负压的大小控制 LCD 对比度。发现此负压控制较麻烦，不是通过电位器来调节的，而是通过内部软件来控制 DAC（数模转换器），得到一个输出电压后控制运算放大器，再控制输出负压。对运算放大器及周边元件检查，没有发现损坏元件。询问用户是否知晓控制器的对比度调节功能，答曰手册未提，不清楚。估计只能通过软件调节。试着使用电位器调节对比度。先用刻刀将 LCD 的负压输入脚与其它电路元件的连接走线切断，取 20kΩ 可调电阻一只，一端接地，一端接最高负压，中间接 LCD 第 17 脚。找到控制器的 24V 电源端，通电，调节可调电阻旋钮并观察显示屏，使显示最清晰。保持通电 4 小时，显示稳定。交付用户使用一个月正常。

经验总结：对比度故障是显示屏经常碰到的故障，从用户角度看是非常严重的故障，从维修人员角度看，就应该明白现象和故障本质的关系，有针对性地检查。

4.8 三菱喷涂机器人无法开机维修

故障：某生产汽配件塑胶厂送修一台三菱喷涂机器人主控机一台，反映机器人开机无法启动，示教机（图 4.10）一直停留在系统正在启动中。

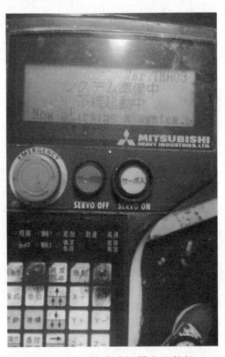

图 4.10　三菱喷涂机器人示教机

检修：经查看说明书后了解到，此三菱机器人的启动顺序是主板开机后，会运行各项启动检测程序，示教机会同步反映各个阶段的启动状态。

如图 4.11 所示，初步判定可能机器人控制箱主板无法正常开机，让客户用相同机器人上的好主板替换此台故障机器人，开机后能正常工作，由此确定是机器人主板故障导致此三菱机器人无法正常工作。拆下主板后，发现主板时钟芯片的焊脚有几处被挤压到一起，短路，更换主板时钟芯片，单独给主板上电，主机竟然无法启动。于是检查主板开机启动的各项条件，均正常。将打阻值卡插入内存插槽，测试有几处阻值偏高，怀疑 BGA 封装的 CPU 芯片与焊盘接触不好。重新植球焊接 BGA 芯片，上电开机，机器人能够正常启动工作。

图 4.11　三菱机器人控制箱

经验总结：某些 GBA 封装的密脚芯片可能存在接触不良故障，不是很方便测试，可以使用打阻值卡从内存插槽引出测试对地电阻，比对正常阻值，如果差异较大，则可能存在问题。常见打阻值卡如图 4.12 所示。

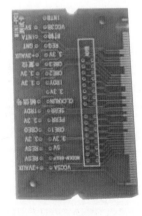

图 4.12　打阻值卡

4.9 富士触摸屏 ug430h-vh1 无显示故障 ⟨

故障：接客户送修富士触摸屏，型号为 ug430h-vh1，故障为通电后显示屏无显示。如图 4.13 所示。

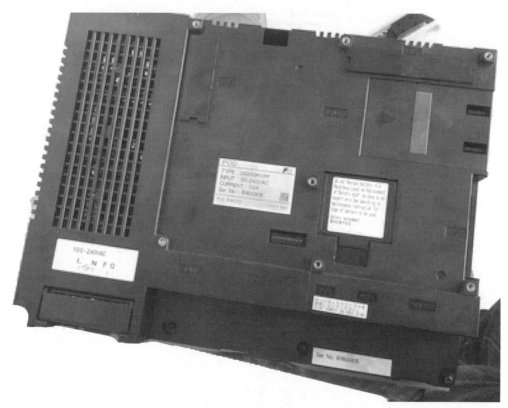

图 4.13 富士触摸屏无显示

检修：通过 1：1 隔离变压器直接给触摸屏加 220V 交流电，通电后触摸屏指示灯亮，不久听到"嘀"的一声响，屏幕没有任何显示。根据经验，开机时电源指示灯亮，又能听到开机声，说明主机板自检测试正常，主机应该可以正常工作，故障应该在显示部分。用手指碰触屏幕侧面按键，也有按键声音响应，说明触摸板没有问题。观察显示屏和主控板的连接线排，没有发现明显接触不良，用示波器测试排线端子上若干点对地信号，有正常的数据波形。万用表置于交流挡，用一根表笔靠近高压条的输出线，有明显打火放电现象，说明高压条输出电压大致正常。怀疑灯管损坏，拆下灯管，有明显发黑，用备用高压条连接测试，灯管不亮。更换相同尺寸灯管，重新上电，一切正常。

经验总结：屏幕无显示的故障，第一时间应判断故障在显示屏部分还是控制板部分，可使用示波器测试显示屏数据线的波形，如果有数据波形，则说明主控板的数据大致没有问题，故障出在显示屏或者数据线，如果数据线没有任何波形，则一般故障在主控板，如图 4.14 所示。判断了故障范围再继续下一步检查就不会走弯路。

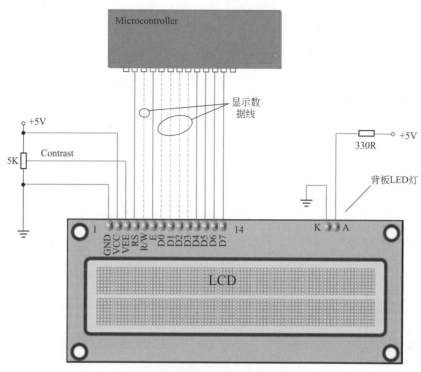

图 4.14　无显示故障范围判断

4.10 HAKKO v710c 报警 "Screen Data not setting" 维修

故障：如图 4.15 所示，控制器通电显示 "Screen Data not setting"（显示屏数据没有设置）。

图 4.15　HAKKO 触摸屏开机显示 "无数据设置"

检修：初步判断此故障应该是没有程序资料，从而出现 Screen Data not setting 报警。询问得知，客户是通过 MJ1RS422/485 接口传送屏幕程序到人机界面的，拆机检查后，发现接口程序芯片有一根差分线对地阻值只有 9Ω，明显短路，检查周边小元件没有发现问题，将 RS485 芯片更换，从客户另一台 HAKKO 人机界面 COPY 程序，重新开机，恢复正常。

经验总结：RS485 通信端口问题，8 脚芯片，一般可测试其 6、7 脚是否连接到外端子，测试 6、7 脚有没有断路，判断差分信号有没有断路。5 脚电阻是否过小或差异异常大，以此判断有没有短路，参考图 4.16。

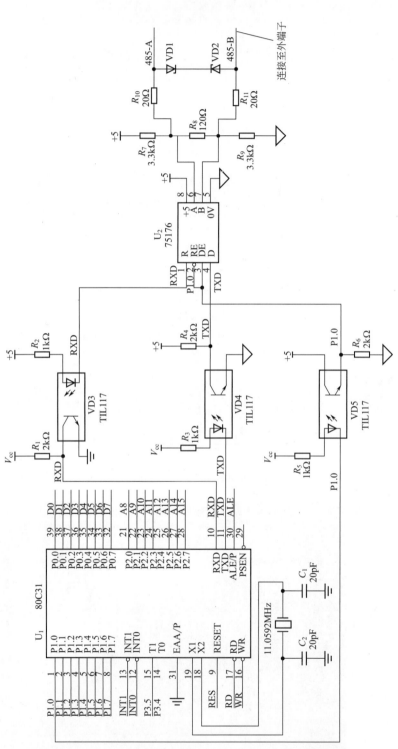

图 4.16　RS485 电路检修参考

4.11　工业显示屏按键失灵

　　故障：维修中心接到客户送修一台显示屏，故障为按键失灵，该显示屏查不出型号和厂家，是非标产品。如图 4.17 所示。

图 4.17　按键面板部分按键失灵

　　检修：按键失灵一般是按键面板线路有断线，面板线路很细，在接下来的过程中很容易扩大故障范围，该面板按键为 4×4 的矩阵排列，通过对按键排线的检测，发现有两条断线，但由于粘胶的原因，很难修复。考虑直接购买按键面板更换，但由于是非标产品，找不到相同型号的面板，于是考虑用其他面板进行改装。

　　购买 4×4 的矩阵面板，接到该屏上，但每个按键的功能定义又不一样，从客户那里咨询到每个按键的功能，重新在面板上进行标记定义，更换好后交客户试机，能够正常使用。

　　经验总结：薄膜按键面板损坏，如果是特定一两个按键损坏，应急维修可以将按键在电路板端子的连接线引出，另外单独找按键接线。如果很多按键不能使用，只能定做按键面板或者找尺寸相同的面板代换，并标注对应的按键功能。

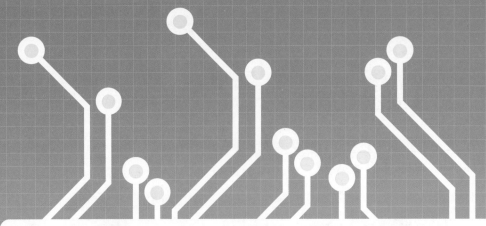

第 5 章
PLC 维修实例

5.1 船用 PLC DPU2020 损坏

故障：客户反映 PLC 内部冒烟有煳味，PLC 不能工作。

检修：PLC 外观如图 5.1 所示，打开后观察内部电路板有明显烧损的痕迹（图 5.2），首先确认烧损的元件型号并准备采购新的或确认可以代换的型号，然后继续查找周边可能

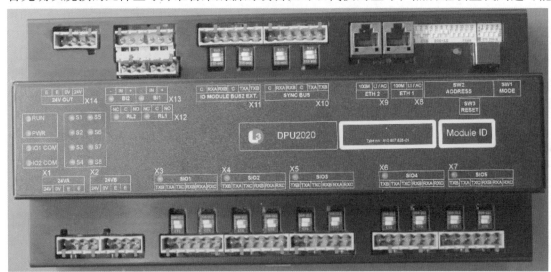

图 5.1　PLC 外观

损坏的元件，排除明显损坏的元件，然后尝试加 24VDC 电压通电，观察 PLC 没有任何灯亮起，说明电源变换没有起作用。发现一个电源管理芯片 VN5160 的电源端只有 6Ω 电阻，显然不合理，继续查找发现一个与之并联的保护二极管击穿，暂时去掉二极管，再通电试机，电源变换电路开始工作，PLC 电源灯亮起，运行灯闪烁，部分输出灯亮起。因为其它部位的故障与电源没有相关性，故而不再花费精力检查 PLC 其它部位，直接交给客户，试机正常。

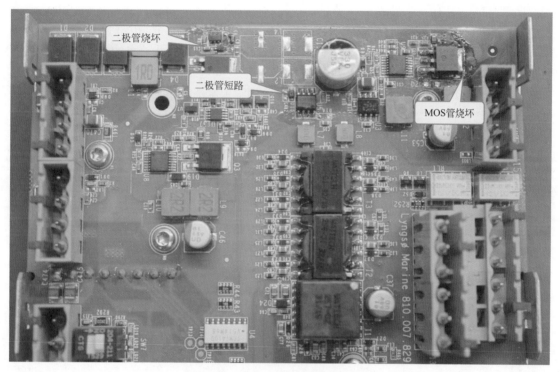

图 5.2　PLC 内部电路板烧损情况

经验总结：电源检测以变压器或电感为寻找目标，以电源管理芯片为核心，再参考芯片数据手册，根据公版图分析原理，这样查找比较有目的性。

5.2　西门子 PLC S7-200 CPU224 通信故障

西门子 PLC S7-200 CPU224 与电脑通信故障。拆开发现通信口元件多处烧黑，甚至炸裂。此 PLC 的 PPI 通信是通过一个 75176 的芯片实现的。外部的 A、B 差动信号经串联限流电阻，并联限压保护二极管，最终到达 75176 芯片的第 6、7 脚，变换后的信号由第 1、4 脚和主芯片沟通。此 PLC 是因为外部高压漏电导致限流电阻和保护二极管烧坏。更换损坏的元件后，联机 S7-200 编程软件，使用监控功能测试 CPU224 两个通信口，测试 30min，一切正常。

5.3 三菱 PLC FX1N-60MR-001 ERR 灯闪烁

一台三菱 PLC FX1N-60MR-001，通电后 ERR 灯闪烁，输入 X0 灯常亮。根据经验，ERR 灯闪烁可能是用户程序损坏或丢失导致。联机三菱 PLC 编程软件，发现从 PLC 读得的程序是乱的，只有一步且界面呈黄色。执行内部清除命令，重新传送程序后，PLC 通电POWER 灯亮，RUN 灯亮，ERR 灯不亮，但 X0 输入仍然亮着。循 x0 线路检查，发现 x0对应的光耦后级本应为 5V 的一点却变成了 0V，仔细检查，连接此节点的 PCB 走线和大面积覆铜地线之间有脏污，断电，用万用表测此点和地之间电阻为 200Ω 以下，而其它相同输入点却有近 1MΩ 电阻值。用小刻刀刮去脏污，并用洗板水清洗，复测，电阻值接近 1MΩ。PLC 通电一切正常。

5.4 三菱 PLC FX2N-80MR-001 通电后无任何指示灯显示

一台三菱 PLC FX2N-80MR-001 通电后无任何指示灯显示。怀疑内部开关电源损坏。拆开查 220VAC 通路正常，保险及 NTC 正常。直流输出两路 24V 正常，没有 5V 电压输出。测稳压芯片 8050s 输入有 23.4V 电压，输出电压只有 1V 左右而且很不稳定，怀疑 8050s 本身或相关元件坏，查 8050s 第 5 脚电容（22μf/50V）正常。不使用 220VAC 电源，单独给8050s 加 24V 输入电压，输出 5V 又正常，怀疑 8050s 未坏，查遍外围也没有查到损坏元件，遂将 8050s 更换，通电 POWER 灯亮，RUN 灯亮，一切正常。

5.5 西门子 PLC S5-95U 程序丢失

故障：某航空公司一台德国产用于飞机零件荧光磁粉探伤的充磁 - 退磁机器不能工作，按下充磁按钮机器无响应。

检修：此类机器是根据电磁感应原理，给金属零部件充磁，然后在部件表面施加荧光磁粉，在紫外灯的照射下，观察磁粉的分部情况检查部件表面和近表面的缺陷。整套系统是由 PLC 控制大功率可控硅，整流后输出最大 3000A 的大电流来感应磁场。PLC 是西门子早期型号 S5-95U，其外接端口如图 5.3 所示。

PLC 通电后，发现电池指示 LED 黄色，测电池电压，发现 3.6V 电池只有 0.1V 电压，说明电池已坏，内部 RAM 程序已经丢失。但 PLC 运行 LED 亮着，说明 PLC 内尚有程序。

此 PLC 配有 EPROM 程序模块，每次上电如果 PLC 判断电池掉电，就会从 EPROM 中调用程序。将电池换新，PLC 通电，然后将 RUN/STOP/COPY 转换开关拨到 COPY 位置保持 10s，程序即从 EPROM 卡中复制到 PLC 内部 RAM 中。如果电池是好的，下次 PLC 重新上电时，PLC 即直接执行内部 RAM 的程序而不会从 EPROM 卡中读程序。待以上操作完成后，用户试机仍然不正常，于是将 PLC 程序读出，对照机器供应商提供的随机说明书检查程序步骤，发现读出程序与说明书程序并无不同。遂对照程序现场试验，发现某一步程序的逻辑关系并不符合现场控制要求，于是对其稍加改动，让其满足输出要求，再让用户测试所有步骤，直到每一步都符合要求。

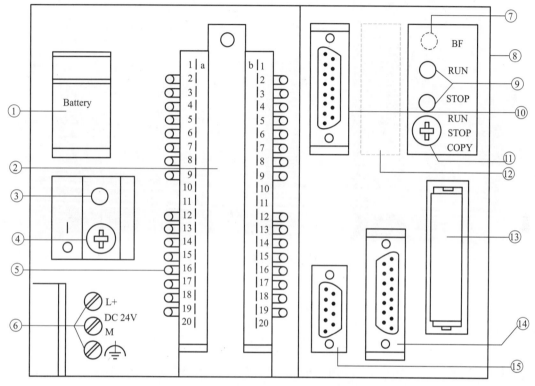

图 5.3　西门子 PLC S5-95U 外接端口

①—电池；②—前面板连接器；③—电池掉电 LED；④—开关；⑤—输入输出指示 LED；⑥—电源连接端子；⑦—总线故障 LED；⑧—S5-100U 模块电缆连接头；⑨—运行 / 停止 LED；⑩—模拟输入输出接口；⑪—运行 / 停止 / 复制开关；⑫—SINEC L2 接口；⑬—E（E）PROM 子模块接口；⑭—编程器，电脑，总线接口；⑮—中断和计数器接口

此机器最终出厂时，保存在 PLC RAM 芯片中由电池保存的程序与 EPROM 卡中的程序并不相同，造成了电池掉电后从 EPROM 卡中读出的程序不能正常工作，这是机器供应商的问题。为了防止电池掉电后再次出现同样的问题，我们将 EPROM 卡拿到西门子 S5 PLC 专用的 EPROM 程序烧写器上将更改的程序重新烧写，这样就不怕电池掉电了。

经验总结：维修带电池的 PLC 时，切勿掉电，否则存储在 RAM 芯片内的用户程序会丢失，如果已经丢失，要确保客户处还有相同程序备份。

5.6　MOELLER PLC 运行指示灯不亮

某生产线人机界面触摸屏上的数据显示全 0，无法输入数据，机器无法启动，但是屏幕本身能够操作，对触摸有响应，与触摸屏连接的 PLC 指示灯不亮。如图 5.4 所示。

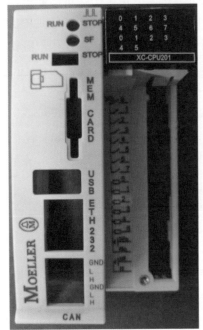

图 5.4　MOELLER PLC 运行指示灯不亮

拆下 PLC，先判断可能是 PLC 电源问题。给 PLC 接入 24V 电压，测输出电压 5V、3.3V、2.5V 均正常。于是怀疑 PLC 单片机系统问题，因为此 PLC 使用大底板接口来连接控制板与电源模块，所以给 PLC 控制板单独加入 3.3V 和 2.5V 电源电压，然后测试板上 4 个晶体振荡器有没有信号输出，结果发现有一个 24M 无源晶振没有波形输出，将此晶振更换后通电试机，晶振仍然没有信号输出。怀疑与晶振相连接的 CPU 损坏，仔细检查发现，BGA 封装的 CPU 下面有绿色铜锈物质。查资料，确认此 CPU 内部没有程序资料，购买新的 CPU 替换后，再通电测试，PLC 的 LED 灯开始闪烁。整个 PLC 重新装机测试，故障排除，生产线工作正常。

经验总结：无源晶振不起振，与晶振本身、晶振匹配电容以及 CPU 本身都有关系。

5.7　维修 PLC 输入温度流量无显示值变化

故障：用户反映人机界面显示温度流量的值偏差太大，而且不随着实际的温度和流量变化。更换 PLC 后故障消失，故障定位在 PLC。PLC 如图 5.5 所示。

检修：这种情况考虑 PLC 模拟量输入部分的故障，可能的情况是：① PLC 模拟电路供电不正常；② PLC 模拟电路采样通道故障；③ PLC 模拟部分 AD 转换器故障。如图 5.6 所示。

经过分析，此故障与 PLC 模拟通道有关系，所以先要在电路板找到 PLC 的模拟通道。根据元器件分布，PLC 的数字通道和模拟通道很好分辨，数字部分都是排列整齐的光耦输入和达林顿芯片输出，有排列整齐的指示灯；而模拟通道，如果有很多路输入，信号一般是经过一些模拟开关芯片然后进 AD 转换器，并且一般有运算放大器部分。如图 5.5 所示，红色矩形框部分是模拟电路部分。找到运算放大器部分，然后根据运算放大器的引脚分布，找到模拟部分的供电电源。此 PLC 的供电由 24VDC 变换得到。从维修电源接入 24VDC 电源，变换得到 5V 和 ±15V 电压，测试发现 −15V 电压不正常，达到 −20V，而且 −15V 线性稳压芯片发烫很厉害，断电后在线测试稳压芯片输入端和输出端阻值只有 6Ω，拆掉芯片，电路板上阻值约几千欧姆，芯片已经损坏。更换稳压芯片，通电，发现有一个模拟开关芯片 DG409DY 发烫厉害，推测先前稳压芯片损坏引起了用到负压的芯片也受冲击损坏。于是更换所有的使用到 −15V 电压的芯片。复原 PLC 试机，故障消失。

图 5.5　PLC 故障导致温度流量值显示不正确

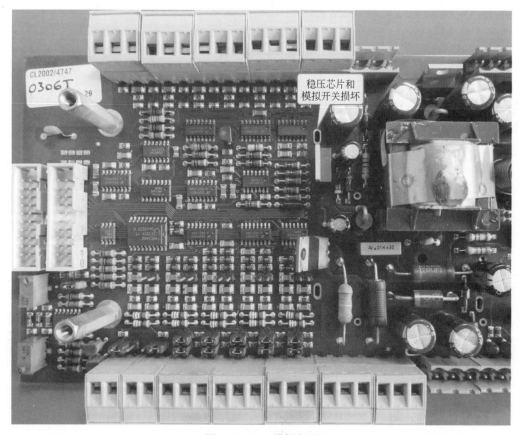

图 5.6　PLC 模拟部分

5.8 印染行业 PLC 掉电故障维修

故障：收到某印刷厂送来的立信印染机上用 PLC 设备一台（图 5.7），机器型号为立信PLC28，客户反映开机后掉电，不能保持正常工作。

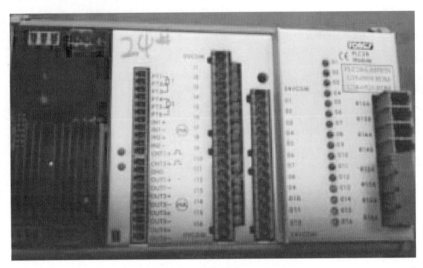

图 5.7 印染设备 PLC

检修：如图 5.9 所示。外接 24V 工作电压，观察工作情况，CPU 工作指示灯未亮，CPU 工作要 4 个条件，即电压正常、时钟正常、复位正常、程序执行正常。查 5V 的芯片供电脚，电压偏低且不断减小。测工作电压只有 4.5V，应该偏低了，测试复位芯片 MAX810输出一直是高电平，而这个脚是连接到单片机 89S8252 的复位脚的，说明 PLC 的单片机复位没有完成，一直在进行复位，后续程序没有执行。用示波器测试 5V 电压波形，发现纹波成分很大，负责电压 24V-5V 变换的是芯片 LM2674，参考电路见图 5.8。分析是后级电容滤波特性变差引起，拆下电容测试容量和 D 值都不正常。更换相同容量耐压电容，上电后有灯闪烁，说明程序已经运行。测试 5V 电压正常。

经验总结：铝电解电容会经常引发电源变换电路的问题，在故障维修中是重点检查对象。

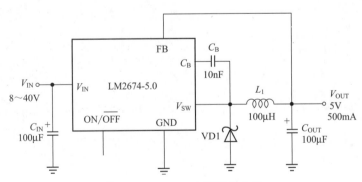

图 5.8 LM2674 电源变换电路

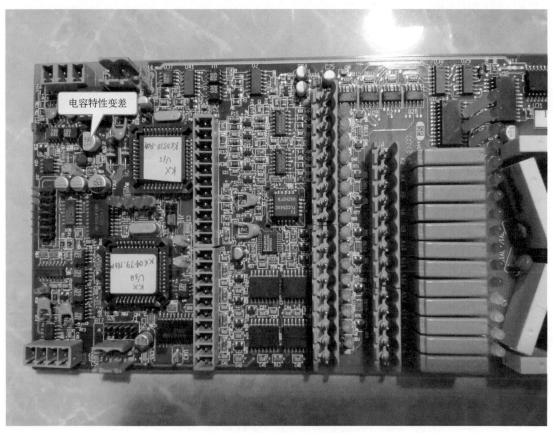

图 5.9　电容失效引发电源不稳

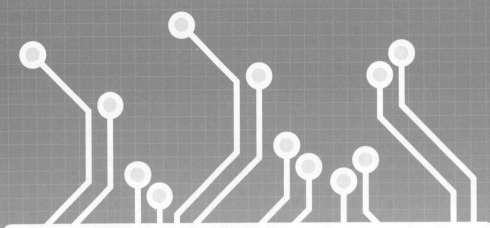

第6章
电机驱动电路维修实例

6.1 西门子变频器 G110 报警 F0060 通信

故障：一台西门子 G110 变频器，通信控制，报警 F0060。

检修：查 G110 变频器手册，F0060 报警解释为：Asic 超时，意为通信握手连接不上。找到 RS485 通信端口芯片 SN75176，如图 6.1 所示。万用表测试芯片差分信号 6 脚、7 脚分

图 6.1 西门子变频器 G110 通信故障

别和端子输出端连接，没有开路；在线分别测试 6 脚、7 脚对地电阻值，6 脚显示 100kΩ 左右，7 脚却显示 3MΩ 以上，再查 6 脚、7 脚的外部连接元件，在电路板背面有 2 个 100kΩ 电阻，如图 6.2 所示，在线测试，上面一个电阻已经开路，这个电阻正是连接 SN75176 第 7 脚的电阻。更换电阻后，维修成功。

　　经验总结：8 脚 RS485 通信芯片的 6 脚、7 脚绝大部分为差分信号脚，这两脚一般直接或者串联保护电阻连接到外部端子，万用表蜂鸣器挡测试和外部端子呈现"通"状态，同时两个差分脚对地和电源阻值基本一致，维修人员可以通过比较阻值来基本判断是否存在通信接口元件损坏。

100kΩ电阻开路

图 6.2　电阻开路引起通信故障

6.2　科尔摩根伺服驱动器维修

　　故障：客户反应伺服驱动器指令下达后不能动作，伺服指示灯无异常，也无警报。如图 6.3 所示。

　　检修：此板可以驱动两个电机，驱动部分是单独的两路，从容易出问题的驱动部分入手检修，先把两个模块内部的二极管特性测试一遍，无任何异常。使用数字电桥在线测试光耦电源脚电容，D 值都小于 0.1，正常。两个电机驱动光耦的供电由独立的开关电源完成。在两个大电容上分别加上 300V 左右的直流电压，开关电源就可以工作，测试各个光耦的供电脚电压，23 ～ 25V 之间，正常。在通电情况下，使用指针万用表 ×10Ω 挡位给光耦 2、

3 脚加入驱动电流，然后测试模块对应的输出是否导通，发现有一个光耦没有响应，更换光耦后，伺服驱动器上机测试正常。

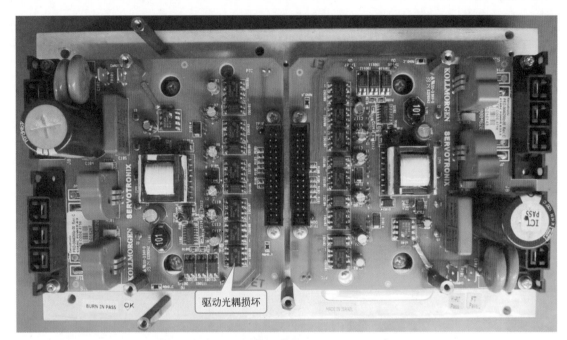

图 6.3 科尔摩根伺服驱动光耦损坏

6.3 科尔摩根伺服驱动器不能联机

故障：客户反映科尔摩根伺服驱动器不能联机。

检修：如图 6.4 所示，怀疑主控板有问题，找到电源端子，接入 12V 电压，测试输出 5V、3.3V 正常。好板通电后，会有一个绿色的 LED 灯闪烁，然后四个 LED 灯全部亮起，故障板只亮一个 LED 灯。用示波器测试 RAM 芯片的数据线和地址线，发现有正常的信号波形，说明单片机、DSP 等芯片工作正常，后又发现偶尔四个 LED 灯会亮起来，怀疑有接触不良的现象，而此板容易接触不良的是 BGA 芯片。将 BGA 芯片周边涂抹焊油，将热风焊台温度调至 420℃，加热 BGA 芯片，使得可能的开路焊点重新熔接在一起。待冷却后通电开机，电路板显示正常。

经验总结：伺服驱动器，除去模块以外，光耦属于易损元件，应该重点排查，检测光耦最直接可靠的方法就是直接通电使开关电源工作输出各路正常电压，然后给光耦输入端加电流信号，再测试 IGBT 或 IPM 输出响应。另外因为热效应、电路板变形及老化因素，BGA 芯片容易出现接触不良故障，机器出现时好时坏故障，除了电解电容老化原因，最常见的故障就是由 BGA 芯片接触不良引起（如果电路板有 BGA 芯片）的。

图 6.4　科尔摩根伺服驱动 BGA 芯片接触不良

6.4　力士乐伺服驱动器过流报警

　　故障：一台力士乐伺服驱动器报警 F8060，过电流。

　　检修：查《力士乐 HCS 伺服驱动器故障排除指南》，F8060 报警的意思是：电功率部分中出现过电流。检测重点放在输出模块和驱动板上面。检测模块没有明显的短路或者开路，故障点集中在驱动板，如图 6.5 所示。此板驱动光耦为 A316J，A316J 光耦内部结构如图 6.6 所示。光耦有 IGBT 管压降检测功能，检测到 IGBT 管压降过高，A316J 的 14 脚大于 7V，则光耦 6 脚变成低电平，指示后级有电流过大状态。用指针万用表对比完全相同的上桥 3 路光耦驱动输出电路，以及完全相同的下桥光耦驱动电路，发现上桥驱动有一路和其它两路的电阻值差别较大，确定光耦周边没有造成阻值差异的元件后，更换对应的 A316J，复测阻值差异消失。为了验证每一路光耦驱动都是有效的，将此板接通 24VDC 控制电源，电源变换产生各路光耦工作的电压，指针万用表 ×10Ω 挡给光耦 7、8 脚施加电流，14、16 脚短接，测试输出响应，发现光耦全部可控。驱动器复原，试机正常。

　　经验总结：某些带 IGBT 导通压降检测芯片的驱动电路，如 A316J、PC929，在测试这些光耦功能时，如果没有连接 IGBT，光耦会因为电压检测脚电压拉高关闭输出，碰到这种情况，可将电压检测脚接地屏蔽来测试。

图 6.5 力士乐伺服驱动器驱动板

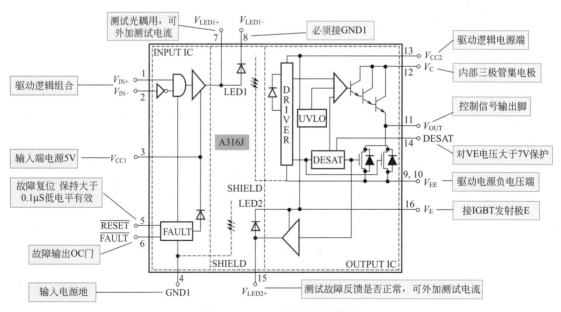

图 6.6 A316J 光耦内部结构图

6.5 科尔摩根运动控制卡故障维修

故障：控制机械手运动控制卡，客户反映上不了电，更换好卡问题消失。

检测：板卡反正两面如图 6.7 和图 6.8 所示。运动控制卡内部有一系列的逻辑关系，客户反映上不了电，可能不是单纯板卡上电源问题，还牵涉数字电路的一系列问题。

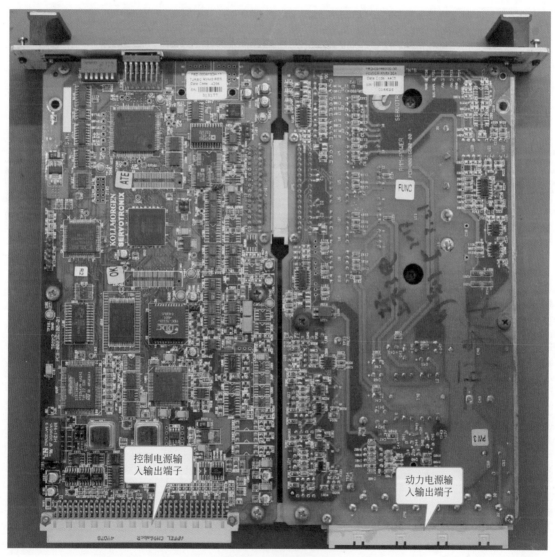

图 6.7　运动控制卡反面

如图 6.7 所示此板下部左右两个大端子，左边端子输入控制电源电压及连接控制信号，右边端子输入动力电源电压和输出马达驱动电源脉冲。首先检查电源是否正常，检查各数字芯片和模拟芯片的供电来源，检测各稳压芯片是否正常稳定电压，用数字电桥检测电解电容的 D 值，全部在正常范围。电路板上芯片比较密集多样，有 CPU、CPLD、FPGA、存储器、逻辑芯片，哪一个元件出问题都可能造成程序混乱，整机运行失控。维修看似工程庞大，无从下手，但是根据过往维修经验，可以先从比较容易损坏的元件入手。如图 6.9 所示，观察板上有一个 93C86 芯片，这是一个串行的 EEPROM 芯片，通常存储机器的设置参数，相对比较容易损坏。于是将其拆下，尝试用编程器读取内部程序，发现每一次读取程序时校验和都不一样，这是不正常的，芯片肯定损坏。在客户处找到一模一样的控制卡，复制 93C86 芯片程序，板卡重新上机，机器运行正常。

图 6.8　运动控制卡正面

经验总结：串行的 EEPROM 用于存储用户参数，机器通电运行后，CPU 执行程序后第一时间就从串行 EEPROM 读取参数，以便正确地配置机器，如果串行 EEPROM 芯片发生损坏或者内部参数发生混乱，机器就可能发生奇怪的故障，往往不能从报警信息中看出故障原因，这在变频器维修过程中经常碰到。

图 6.9　串行 EEPROM 损坏

6.6 OKUMA（大偎）伺服驱动器过流报警

　　故障：一台 OKUMA 伺服驱动器数码管显示 04 号报警，查手册报警解释为"电机电源线过电流"。

　　检修：取下伺服驱动器驱动板，从可调电源取电，给驱动板通 24V 控制电源电压，发现电流很大，有 500mA 以上，并且能听到嘶嘶的变压器声音。这是典型的变压器次级负载过重引发的故障。如图 6.10 所示，开关管 IC9 控制 7 个变压器的主线圈的 24V 电压通断给电，各变压器次级线圈感应电压经整流滤波后提供各驱动光耦的供电。万用表测试驱测动光耦 A3120 的供电端 5 脚、8 脚之间的阻值，发现一个光耦只有 4.3Ω，存在明显短路。

　　和光耦电源端并联的还有一个电容，为了确定是电容短路还是光耦短路，使用数字电桥的 DCR（即直流电阻）挡分别测试光耦 5 脚、8 脚之间的电阻以及电容引脚之间的电阻，虽然两个元件通过铜箔走线直接相连，但是铜箔走线是有电阻值的，还是可以通过电阻值的微小差异来判断短路元件。测得光耦两端电阻为 4.306Ω，电容两端电阻 4.337Ω，判断光耦短路，取下光耦，测试确认光耦短路。更换光耦，去掉主控板，通电 24V，光耦前级加驱动电流，测试模块可以受控导通。整机装好试机，使用两天客户处又反馈相同的问题。拆机检查，发现还是相同的光耦电源端短路，怀疑 IGBT 模块不良导致光耦短路。第二次更换光耦，然后数字电桥 10kHz 电容挡对比测试 6 个 IGBT 的 GE 之间电容及 D 值，发现更换光耦对应的 IGBT 的 D 值偏大一个数量级，指针表 ×10k 单独测试模块 GE 之间阻值约 7.6kΩ，说明模块损坏，将模块也加以更换，用户试机，问题不再出现。

图 6.10　OKUMA 伺服驱动器驱动板

经验总结：维修驱动电路时，模块和驱动光耦往往一起损坏，有时候即使加控制电源测试了驱动功能良好，也不能保证模块良好，可用数字电桥将模块 GE 之间的电容和 D 值进行测试比对，不可偏离太大。

6.7 织布机驱动板驱动失效

故障：某进口品牌织布机驱动板一路电机不能驱动。

检修：此板用来驱动两个电机，每一个电机驱动分别由独立的 6 个 IGBT 管完成。如图 6.11 所示。图中有一路的驱动 IGBT 已经被人拆走，可以参考另一个电机的驱动电路。

对比测试时，可以使用数字电桥电容测试挡 0.3V、10kHz 同时测 D 值，容量和 D 值可以反映各连接元件的综合特性，参数差异大则说明电路还有元件损坏。经过此方法，发现损坏元件不少，电阻、三极管、电容都有损坏。为了保证可靠性，将包括光耦在内的后级全部更换。另外再单独检测板上所有铝电解电容，将 D 值大于 0.2 以上的电容全部更换。单独给每一路光耦信号测试后级 IGBT 功能正常，最后上机测试正常。

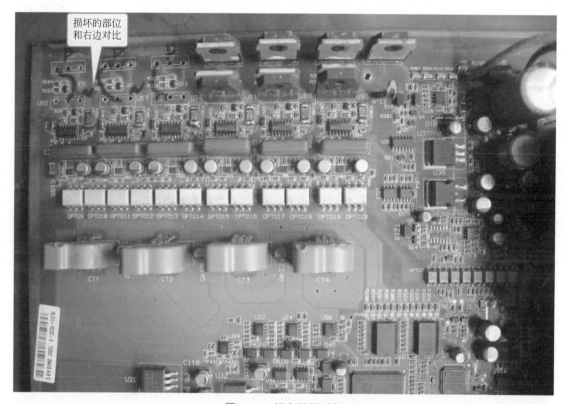

图 6.11　织布机驱动板

经验总结：变频或伺服驱动电路，上桥 3 组电路完全相同，下桥 3 组电路也完全相同，一般不会全部损坏，维修时可以用完好的一组做参照。参照时可使用数字电桥测试，这样可以把电阻、电容、电感参数全部测试比对，不会忽略故障点。

6.8　NEC ASU40/30 双轴驱动器失效

故障：启动电源按钮后，伺服驱动板无直流动力电源，CNC 显示报母线电压低，系统关断 XY 驱动电路的电源接触器。

检修：现场试验启动电源时，XY 驱动电路三相 220VAC 动力电源供电接触器吸合一下，但不一会儿就跳开，CNC 屏幕显示 undervoltage，电压低报警，实际检测未有母线电压。经查，三相 220VAC 电源其中两根线通过一个继电器的常开触点接到一个三相整流桥，同时还接到两个小功率二极管，其中一个二极管串联一个电感后连一个 450V/3.3μF 电容，在电容上产生一个电压，此电压引入到一个比较器 LM393 的正向输入端，如果电压足够，比较器翻转输出高电平，去控制一个 IGBT 的门极，从而将整流后的直流引到 XY 轴驱动 IGBT 的 P、N 端。如图 6.12 所示。

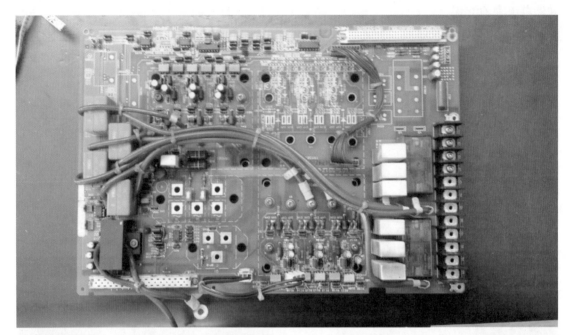

电容变质

图 6.12　NEC 双轴驱动器电路板

用测试仪在线检查电容，VI 曲线已经严重畸变，实测电容量为 2μF 左右，拆下电容，发现电容引脚有锈蚀痕迹。以上说明此电容已经失效，不能产生一个正确的电压使比较器控制轴驱动器得电，从而系统检测电压不足，自关断接触器保护动作。更换同规格电容后，驱动器装上通电，一切正常。

经验总结：有一定年份的电路板，电解电容损坏的概率比较大，维修时，不妨先从检查电容入手，先把所有的电解电容在线测试一遍，如果有电容出现明显问题，往往就可能是故障的原因。

6.9　安川 CIMR-VMW2015 变频器运行一段时间报过流

故障：此变频器为一日系车床的主轴驱动变频器，用户自述车床开启数小时内可以正常工作，但时间一久，变频器就会报过流。

检修：此变频器使用 15 年以上，根据故障情况不难联想极有可能为电解电容失效引起的故障。变频器分为电源板、主控板、驱动板和模块几部分，电源板上有 10 个电容，测 VI 曲线，椭圆正常，容量也未下降。驱动板上有 12 个厚膜电路，每个厚膜电路外接 1 个 22μF/25V 电解电容，在线测试仪测 VI 曲线，其中 3 个椭圆曲线严重歪斜。推测冷机时，电解电容尚保持一定的容量，通电时间一久，内部发热使得容量严重下降，ESR 迅速增加，电容参数恶化，不能提供给相应的厚膜驱动电路正确的电压，导致模块被错误驱动，电流很大，触发系统过流报警。维修前用户使用不到一个小时就过流报警，将驱动板上 12 个 22μF/25V 电容全部更换后，用户使用两天内未见故障重现，视为修复。

6.10　FANUC 伺服驱动器不能修改参数

故障：一台 FANUC 型号伺服驱动器，用户试图修改参数时，不能读出参数，交某专业维修公司数次维修也未能修好，送至我公司尝试再次维修。

检修：观察驱动器板有一枚外接 3.6V 锂电池，顺电池正极电压去向找到相应的芯片，发现是通过一个二极管接到一个 74HC00 的电源端。整机未通电时，74HC00 电源脚 14 脚也有 3V 以上电压，通电后 5V 电压加到 14 脚，二极管截止，电池不输出电流给其它元件。74HC00 的与非逻辑输出脚与板上 RAM 芯片的片选信号线相连，参数就存在这个 RAM 芯片内，这个信号与参数能否读写相关。因为 74HC00 的正常工作电压可以低至 2V，所以整机不通电时测 74HC00 的各输入输出脚电压，应符合与非门逻辑。实际测量时有一个与非门不符合，本应输出高电平，实测 0.1V 为低电位。发现 74HC00 曾被取下过。用热风枪吹下 74HC00，使用程序烧录器的逻辑芯片测试功能，发现能够通过测试，遂重新焊回板上，复测电压逻辑还是不对。检查对应脚位的元件连接网络，未发现短路，用洗板水清洗芯片及周边部位电路板，确保不因腐蚀杂质引起漏电而导致逻辑错误，经过以上处理后，复测发现芯片还是逻辑错误。无奈再将 74HC00 拆下，用万用表测各脚对 GND 脚电阻，发现 4 个与非门的某一个门的对地电阻只有 9kΩ，而其它三个门对地电阻有数百千欧姆且一致，说明 74HC00 内部有异常，更换新的 74HC00 芯片，复测逻辑完全正常。交用户试机，用户可以读出芯片参数，但参数已乱，找一样机型的驱动器对照重新输入参数，机器工作正常。

经验总结：某些芯片的好坏测试，即使通过芯片测试仪的测试，实际上可能也是有问题的，因为芯片的实际工作状态，测试仪测试时不能百分之百完全模拟，例如芯片的输出负载情况，芯片工作速度情况。这些只能通过在线通电实际测试才能进一步确定好坏，总之，能通电测试尽量通电测试。

6.11 FANUC 伺服驱动器风扇故障报警

故障：一台 FANUC 型号伺服驱动器数码管显示 XX，查故障代码对应的故障解释为：风扇故障。用户更换相同风扇后，通电，故障依旧。

检修：将风扇插头拔掉，取出风扇，通 24VDC 测试电压，风扇转动正常，电源电流与风扇标称一致。同时将数字万用表置二极管挡，红表笔接三线风扇的检测线，黑表笔接负极，测风扇内部检测电路 OC 门（集电极开路）晶体管截止和导通情况。实测通电时，二极管挡显示 0.6V，检测线对地导通，不通电时显示截止，说明风扇正常。顺着风扇检测线检查，此线从端子接入到主控板，然后通过主控板和驱动板之间的桥接小板接到逻辑芯片 74HC14 的某个输入端，经缓冲放大后接 CPU 的 I/O 口，如果此信号为低电平则 CPU 判断风扇正常，高电平则报警。万用表测风扇信号检测端到 74HC14 输入端，直通正常。万用表测 74HC14 各脚位对地电阻，未见短路。伺服驱动器只通控制部分的电源，万用表测风扇输出脚对地电压始终有 19V。顺着风扇的信号检测线检查，无意中测得信号线对 +24V 电源端只有二十几欧姆的阻值，发现在主板和驱动板之间的桥接小板（图 6.13）上有一处相邻焊盘的短路，将短路点清理后，通电复测信号检测线的对地电压为 0V，故障修复。

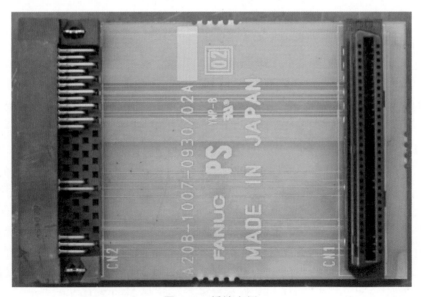

图 6.13 桥接小板

6.12　西门子伺服驱动器未知故障

故障：一台印刷厂西门子伺服驱动器偶尔无故停机，后来彻底停机，不能开机，机器也没有给出报警。

检修：经调换伺服驱动器内部配件，定位故障在一块驱动板上，而与其连接的控制板卡没有问题，如图 6.14 所示。因为没有具体报警信息，只能全面检查电路板，寻找问题所在。根据损坏概率，首先确定电源系统产生的各路电压是否正常，然后验证模块及光耦，然后再检查其它部位。此板的输入控制电压为 24V，来自控制卡的电源输入端子，经过排线端子后给开关电源供电。开关电源由 UC3845 控制，次级整流滤波后输出 ±15V 电压供模拟电路使用，另外还输出光耦驱动所需的各路电源电压。通电后，检测 6 路光耦的 5、8 脚电压都是 19V，正常，模拟电路的供电电压 ±15 V 也正常。不经过伺服卡直接给驱动板加电，然后使用指针表 ×1Ω 挡给各路光耦 2、3 脚内部发光管施加电流，然后监测 IGBT 的 GE 电压变化，发现都可以从 -3.8 V 跳变至 12.5V，说明光耦驱动回路都是好的。

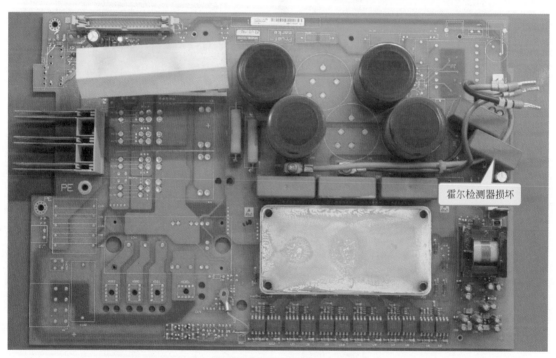

图 6.14　西门子伺服驱动板

接下来验证霍尔电流检测器是否有问题。电路板上电流检测器 LA55-P 如图 6.15 所示，通电后，测量电流检测器 3 个脚的电压，电源 ±15V 正常，正常时当通过检测器导线电流为 0 时候，信号脚对地输出电压为 0V，而有一个电流检测器为 0V，另一个检测器为 -6.3V，不正常。该霍尔检测器为电流输出型，电流输出大小和方向随穿芯导线电流大小和方向变化，电流信号须在信号输出端和地之间串联一个取样电阻得到电压信号。断电后测试霍尔检测器信号脚对电路板地之间电阻值为 75Ω，说明输出电压异常不是电阻引起。将霍尔检测器拆下，信号输出和地之间接 75Ω 电阻，检测器通电，测试电阻两端电压，也是 -6.3V，显然霍尔检测器损坏。更换霍尔检测器，驱动器试机一切正常。

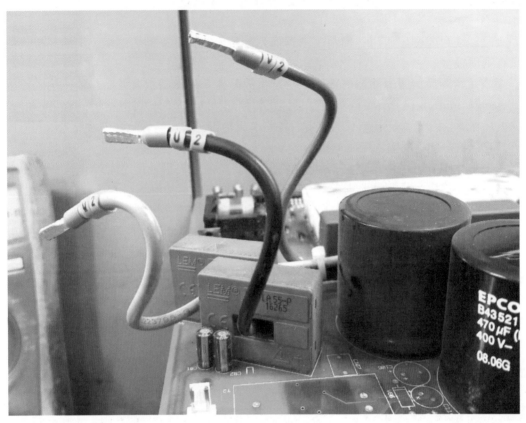

图 6.15　电流检测器

　　经验总结：霍尔电流传感器（图 6.16）是相对容易损坏的器件，可以通过通电检测信号输出脚测试是否损坏。

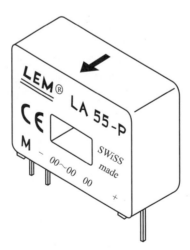

图 6.16　霍尔电流传感器

6.13　纱厂纱锭卷绕电机驱动器失效

故障：某型德国设备 PAPST 电机驱动器 VARIOTRONIC 驱动电机力矩不够，用手能轻易止动，不能卷绕纱锭。

检修：此板为小功率的三相电机驱动控制板，原理与常见变频器的驱动部分相似，只是因为电压低、功率小，没有使用变压器、光耦等元件。电路板实物如图 6.17 所示。

图 6.17　纱锭卷绕电机驱动器电路板

万用表测试上下桥的各驱动管，正常，测试所有电阻都正常，更换了所有 IC，故障依旧，至此维修陷入困境，无奈向用户要另一块好板，将两块相同的电路板（一块坏板，一块好板）通上 24VDC 电压，电流都是 70mA 左右。测试各点直流静态对地电压，发现坏板某节点同好板电压不一样，好板有 10V，坏板只有 2.1V，此节点有一个 340kΩ 的上拉电阻，电阻上端接 24V 电压，下端连接 0.1μF 的小电容到地，坏板此节点电压如此之低，怀疑小电容漏电，拆下小电容，检查并无明显漏电，遂将其更换，节点电压恢复 10V。交用户试机，驱动器力矩恢复正常。

经验总结：对于模拟电路，电路板脏污产生的电阻效应，对阻值较大的电阻影响较大，一时找不到故障的话，有时可以通过清洗电阻周边电路板部分达到修复效果。

6.14 西门子伺服驱动板报 Intermediate Circuit Voltage Error 故障

故障：用户一台西门子伺服驱动器报 Intermediate Circuit Voltage Error（中间电路电压错误）故障，经调换试机，确定故障在驱动板，驱动板如图 6.18 所示。

图 6.18　西门子伺服驱动板

检修：万用表粗略检测整流桥、电阻、二极管、大电容基本正常，使用在线测试仪检测控制部分各小电解电容，VI 曲线正常。控制板上有四个棕色高频变压器，这是西门子典型的驱动光耦开关电源供电变压器，原理是这样的：前级由 15VDC 输入电压经振荡开关电路产生高频方波脉冲加至各高频变压器的初级线圈，在各变压器次级线圈感应出的高频电压经整流、滤波后得到各驱动光耦所需的电源。将维修 DC 可调电源调整至 15V，加入电路板相应端子，测变压器次级线圈输出端的滤波电容两端电压，+20V 及 −12V 正常，示波器测量直流无纹波，滤波良好。

在用万用表电阻挡测量连接主控板排线端子旁边的电容时，发现有一个 47μF 的电解电容 C_4 两端电阻只有 60Ω，如图 6.19 所示。根据经验，一般的控制电路电源电容两端电阻至

少有 100Ω 以上，连接的芯片很多时（几十个，而且总有密脚的大规模集成电路）才可能电源两端的电阻很小，如电脑主板 3.3V 两端通常在 10Ω 以下，但此板并无很多芯片，说明某处存在短路。观察此电容的连线走向，发现有一个运算放大器 082C 的正电源是由 C_4 上的电压串联 47Ω 电阻 R_{102} 后加到第 8 脚，R_{102} 明显有烧黑的痕迹（图 6.19），说明此电阻曾经通过的电流比较大。万用表在线测量其旁边的小贴片电容 C_{10}，只有十多欧姆，焊下 C_{10} 再量其两端阻值为 12Ω，已经短路，此时再测量电解电容 C_4 两端电阻为 $2.2k\Omega$。至此可以定位故障原因：C_{10} 短路把运算放大器 082C 的正电源电压拉低，从而使得电压检测电路出现错误，导致报警。取 1 个 100nF 1206 封装的贴片电容替换短路电容，并将 R_{102}（47Ω）更换，电路板修复成功。

电容 C_4，60Ω
C_{10} 短路 R_{102} 烧黑
运放082C
此端子连接主控板

图 6.19　西门子伺服驱动器主控板故障点

经验总结：电路电源有短路是维修中经常碰到的，各种电解电容并联在各路电源两端，可先测量电解电容两端的阻值，如果阻值过小，回路就有短路。

6.15　SANYO 驱动器报逻辑错误

故障：用户反映，一台 CNC 数控加工中心使用的 SANYO 驱动器与主机通信相连，主机指示该驱动器有逻辑错误。

检修：电路板逻辑错误报警，一般是指检测到的数据超出规定范围的其中某一种错误，总之是属于数字电路范畴的故障。此类故障报警，根据电路板故障的具体部位，指出的报警名称会有所不同，如编码器检测数据有问题就报"编码器错误"，通信问题会报"通信错误"或"通信超时"，如果 CPU 判断不了错误来源，就会笼统地报"逻辑错误"。

通过调换驱动器的可拆卸部件，故障定位在一块驱动板上，如图 6.20 所示。

图 6.20　SANYO 驱动器驱动板

此板除了 6 个驱动光耦芯片 PC923 之外，还有几个高速光耦，标记为 611，其型号为 HCPL-0611，另有两个 SANYO 定制的芯片 SD1008，网上也查不到资料，不知是做什么用途，此外板上再无其它数字芯片。如果是驱动光耦 PC923 坏了，驱动器应该报过流过载之类的故障，而不会报逻辑错误，因此排除驱动光耦损坏的可能性。故障可能性集中在芯片 SD1008 和两个 HCPL-0611 相连接的系统里，板上包含两组完全对称的系统。我们循着板上线路检查，分析发现 SD1008 是用于 UVW 三相其中两相的电流测量的，电流通过串联在回路中的 mΩ 级大功率电阻，产生一个跟电流成正比的电压降，此电压送往芯片 SD1008 处理，当程序需要检测电流时，CPU 板会发送串行数据指令经光耦 PC14 和 PC16 隔离传送给 SD1008，SD1008 将检测到的电压数据再以串行的方式经光耦 PC13 和 PC15 返回 CPU 板，因而 CPU 就知道电流的大小了。

为了验证故障在哪一个元件，我们可以通电让此系统模拟工作起来。将电源板与此板连接，电源板通电后检测板上各芯片所需工作电压正常，取信号发生器，将信号调至 5V 500Hz 方波输出，将方波信号串联电阻加至光耦 PC14 及 PC16 的输入端，用示波器检测另两个光耦 PC13 及 PC15 的输出端，发现 PC13 没有信号波形输出，然后检测 PC13 也没有输入信号，然后检测 PC14 没有输出信号，PC14 有输入而没有输出，说明光耦功能已经损坏。更换该光耦，复测各路信号正常。驱动器装配复原，交给用户试机，再无"逻辑错误"报警出现。

经验总结：如果信号发生器有足够驱动能力，可以使用信号发生器模拟给定的信号做电路固定频率的信号输入，从而通过检测信号输出情况来重现故障。

6.16　PARKER 步进电机驱动器故障

故障：一台生产线使用的 PARKER 步进电机驱动器，用户反映该驱动器能使用一段时间，但不知什么时候就出现一次错误报警而停机。

检修：时好时坏故障一般怀疑是电解电容的问题，但检查机器电源部分的电容，发现并无异常，因为机器也能工作一段时间，基本上大功率驱动部分也不必过分纠结。重点检查控制部分，发现此机先前被维修过，所有 IC 都有人为加装 IC 座，机器一段时间能够正常工作，则 IC 也应该都是好的，时好时坏故障由 IC 引起还未见过，所以也不考虑 IC 损坏的问题。那是不是 IC 和 IC 座有时接触不好引起？如图 6.21 所示，将 IC 拔出并重新插入，主观感觉一下接触是否可靠，同时拔下 IC 时观察 IC 的引脚，看看是否有锈蚀氧化情况。发现一个 CD4025BE 引脚氧化严重，把 IC 重新插入座子后，万用表量 IC 脚和座子引脚的接触电阻约十几欧姆，将 IC 引脚氧化层用刻刀刮干净，IC 插入重新测试接触电阻 0.1Ω，为防接插不紧 IC 振松，使用热熔胶将所有 IC 和 IC 座点一下。处理后交用户试机，反映再无故障出现。

IC与IC座
接触不好

图 6.21　步进电机驱动板

经验总结：某些故障看似复杂，其实仅仅是因为看得见的原因引起，所以维修还是要遵循从最简单入手，第一时间通过目测检查外观排除故障可能性。

6.17 松下驱动器报过流故障

故障：一台松下伺服驱动器一运行就报过流。

检修：拆开机器，寻找电流检测部分，看到白色的 A7800 隔离放大器就明白一二。马上拆下测试，发现放大功能并无异常。如图 6.22 所示。给电路板通上电源，测试两个一模一样的 A7800 的电源脚，发现有一个 A7800 的 5、8 脚电源为 1.3V，正常应该 5V 左右。循电源脚查找，找到背面，如图 6.23 所示，芯片 5、8 脚电压是 12V 电压串联 680Ω 电阻和 5.1V

图 6.22　伺服驱动器电流检测部分

图 6.23　电路板背面

的稳压管得到，发现 R_{38} 两端电阻竟有十几千欧姆，此电阻肯定损坏。拆下电阻，发现此贴片电阻的引脚已经开裂，造成电阻开路损坏。找相同规格电阻更换，上电复测 A7800 的电源 5.2V，恢复正常，用户试机，反映故障排除。

经验总结：电路板能上电尽量上电，上电后出现的各种故障是最直观的，检测电压或波形才能最全面发现故障点。

6.18　贴片机步进马达驱动器故障

故障：一贴片机显示界面报警，提示搬运马达驱动器异常，主机不能与之通信，用户反映驱动板的 POWER 指示 LED 时亮时不亮。

检修：观察控制板，发现 5V 电源是由 48V 经 PWM 稳压芯片 SI-8010GL 控制后输出 8V，再经 7805 稳压得到。将 48V 电源加入控制板，刚刚接上电源，发现 POWER LED 可以点亮，但十几秒钟后熄灭，然后不定什么时候又点亮，然后又熄灭，如此循环。测量各关键点电压，POWER LED 亮时，7805 输入电压 8V，7805 输出 5V，正常，POWER LED 灭时，7805 输入端量不到电压。电路板如图 6.24 所示。

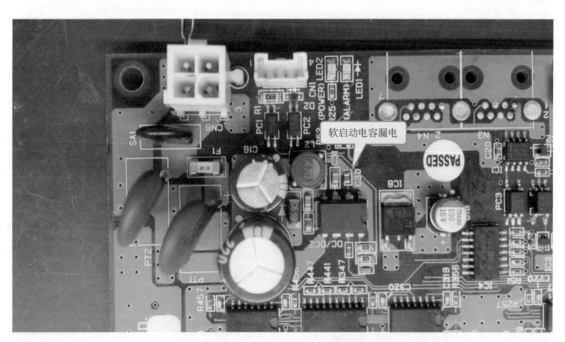

图 6.24　贴片机搬运马达控制板

查 PWM 芯片 SI-8010GL 的数据手册，发现 2 脚是芯片的使能端，高电平时，该芯片才可以允许有 PWM 波输出，该板芯片 2 脚接了一个 1nF 的电容到地，这样接法有软启动的作用，这类似于单片机的复位电路，如图 6.25 所示，刚刚通电时，电容相当于对地短路，芯片没有输出，芯片内部慢慢给电容充电，电容电压逐渐升高，到某个门限电压时，芯片开始 PWM 波形输出，这样可以减少电路冲击，有助于电路的工作稳定。

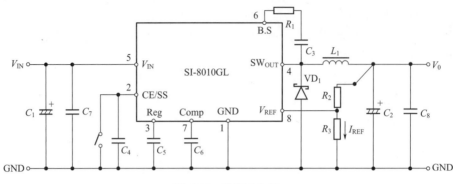

图 6.25　软启动电路

用万用表检测 2 脚对地电压，发现随着 POWER LED 亮起和熄灭，2 脚电压在 5.8V 和 1.2V 之间变化，怀疑软启动电容或者芯片 SI-8010GL 损坏。将软启动电容 C_{30}（图 6.24）更换，更换时将 C_{30} 周边电路板清洗干净，再通电试机，发现 POWER LED 再无熄灭，各电压正常。

经验总结：某些芯片要注意开启条件和使能设置，充分考虑到各种情况，维修才能点到穴位。

6.19　LINCOLN 自动焊机驱动板无输出维修

故障：LINCOLN 自动焊机无输出，经更换确认是 IGBT 驱动板问题。

检修：检测 IGBT 驱动管及前级变压器信号耦合部分，并无短路等异常现象。可能的故障部位集中到驱动变压器的小电路板（图 6.26），观察上面有 4 个芯片，运算放大器 LM2904、

比较器LM2901损坏

图 6.26　自动焊机输出驱动板

LM224，比较器 LM2901 和 PWM 信号发生器 MC33023，这些芯片都共用单电源。因为绝缘漆很厚，不便拆下，所以直接用维修电源加入电压测试小板。根据数据手册，MC33023 的供电电压需 9.2V 以上，将维修电源电压调节至 10.5V，接入小板芯片电源端，分别在线检测每一个芯片。运算放大器可以通电检测同向输入端和反向输入端电压是否相等，相等则认为放大器工作正常，不相等再测试输出电压是否符合比较器的特点。比较器根据输入电压判断输出电压高低，看是否符合逻辑，即：同向电压 > 反向电压，输出高电平，同向电压 < 反向电压，输出低电平。经万用表电压检测，运算放大器都正常。MC33023 可以通过检测关键引脚波形看是否正常。

图 6.27 是 MC33023 引脚结构图，测试 14 脚没有波形输出，测试 6 脚有锯齿波输出，16 脚有 5.1V，参考电压正常。关电后测试 14 脚对地阻值很大，不存在短路。判断故障由 MC33023 外围元件引起。测试 LM2901，发现有一路输出不符合比较器逻辑，取下此芯片测试，确认此芯片损坏。购买新的芯片更换，再次试机，测试 MC33023 的 14 脚有脉冲波形输出，测试后级驱动变压器输出，正常。

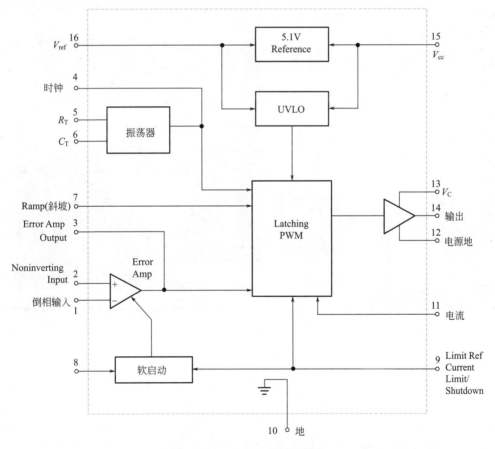

图 6.27 MC33023 引脚结构图

经验总结：比较器和运算放大器可以在线测试，通电后，可以通过测试输出和输入电压之间的逻辑符合情况来判断好坏。

6.20 某直流电机驱动器不明故障

故障：某国产直流电机驱动器不工作，故障不明。内部电路图 6.28 所示。

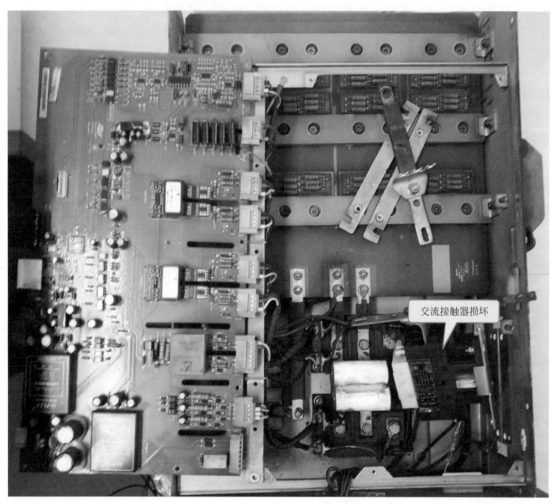

图 6.28　直流电机驱动器内部电路图

检修：外观检查，没有烧蚀痕迹，使用数字电桥测试电解电容，也没有发现异样，决定通电试机，检测驱动响应。此机低压交流输入供给控制电源，然后整流滤波，两个 24V-15V DC-DC 转换器模块转换后得到后级所需电压做控制电源。为了方便起见，可以不使用隔离变压器输入低压交流电源，而在交流电源输入端直接接入 24V 直流电源，因为不管正负，直流电经过整流桥以后，都可以得到方向一致的直流电压。

通电后测试各部分电源电压，15V 输出正常，4 个 IGBT 的 G-S 负压正常。指针万用表 ×1Ω 挡给驱动光耦 2、3 脚注入电流，6 脚输出电压变化明显，相对应的 IGBT 模块 G-S 转为正压，4 路测试正常。发现机器接直流电机的两根输出线之间并联了接触器的常开触点，不知用于什么目的。接触器的线圈是 380VAC 供电，直接给线圈接入 380VAC 电压，触点吸合以后测试触点电阻有 600 多欧姆，显然触点已经损坏。购买同型号接触器更换，给用户试机，反馈机器可以正常工作了。

经验总结：大道至简，维修总是从最容易损坏的元器件入手，根据损坏概率来查找，能节省不少时间。

6.21　安川伺服驱动器通电无显示

故障：接到客户送修安川伺服驱动器 SGD7S-7R6A00A，告知通电后驱动器无显示。驱动器外形如图 6.29 所示。

检修：初步判断是电源电路故障，导致 LED 数码管无显示。拆开外壳，测试保险管、开关管、电容等关键元件，没有发现明显问题。测试输出端电容两端阻值，没有偏低现象，说明没有短路。上电检查，发现上电后有显示，用安川伺服驱动器调试软件连接，查看历史报警记录，有 AC9（编码器故障）、A710（过载报警）。给控制电源部分上电，发现屏幕只有一点字符显示，其它无反应。于是拆掉外壳再上电，发现风扇不转，万用表量风扇电阻，只有几欧姆，判断风扇短路，使得开关电源过流保护。拔掉风扇重新上电，数码管显示正常屏幕显示正常，更换风扇。

经验总结：开关电源过流保护，可以通过测试次级各电压输出正负端阻值来判断，如果哪一路电源两端阻值偏小，则这一路电源负载有短路。

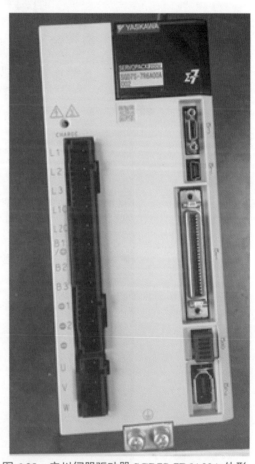

图 6.29　安川伺服驱动器 SGD7S-7R6A00A 外形

6.22　OKUMA 伺服驱动器直流母线电压异常

故障：维修中心接到客户送修 OKUMA 给进轴伺服放大器一台，型号为 MIV06-3-V5，机台报警号 1156。

检修：客户使用的是 OKUMA 的 OSP-P200L 数控系统，查手册机台报警号可知，该故障为直流母线电压异常。询问操作人员，开机上电时报警就出现，且测量实际母线电压正常。判断故障在直流母线电压检测电路。如图 6.30 所示。

分压电阻坏

图 6.30 OKUMA 伺服驱动器直流母线电压异常

　　该型号的放大器电压检测电路集成在一个 8 引脚的厚膜电路上，其中第 4 脚为接地脚，第 1 脚为线性放大光耦 7800 或 7840 的第 7 脚，即给放大器加上 24V 控制电压，只要检测第 1 和第 4 脚之间的电压来判断厚膜电路是否故障，大于 15mV 基本会引起电压异常故障，经检测，电压只有 7mV，属于正常范围。顺着大电容的正极检查分压电路，发现一个串联的 200kΩ 分压电阻阻值异常升高到 8MΩ，导致串联到 N 端电阻分压变小，从而引发电压异常报警。取相同功率的 200kΩ 电阻更换后，驱动器交客户试机正常。

　　经验总结：母线电压报警故障的检修，应该顺着直流母线正电压端 P 找到降压及取样电阻。通常降压电阻阻值和功率比较大，在电路板上比较明显。

6.23 富士伺服驱动器 BOF 故障

故障：接到客户送修的富士 RYS500S3-LPS 伺服驱动器一台，上电报警 BOF，然后就不往下运行，正常的话先显示 BOF，再显示 RUN 就正常工作。如图 6.31 所示。

图 6.31　富士伺服驱动器 BOF 故障

检修：查看用户使用手册，BOF 不是报警代码，而是一个待机提示，机器自检后进入工作状态，该伺服器上电一直显示 BOF，说明自检没有通过，而造成自检没有通过的原因有很多种，只能一项一项排除。

① 首先对主电路进行排查，保险、整流模块没有故障。

② 对逆变电路进行排查，IGBT 模块及驱动电路也没有故障。

③ 上电对开关电源进行排查，各路电源工作正常。

④ 对电压检测电路进行排查，在线测量隔离放大器 A7800 的放大输出端，发现电压为 0.9V，测量输入端为 0.15V，A7800 的放大倍数应该是 8 倍，输出电压应该是 1.2V，放大倍数不够会导致电压检测报欠压的故障，但该机型没有报低压故障。更换 A7800 后再检测，输出端电压为 1.2V，交客户试机，工作正常。

经验总结：大部分的机型在电压检测时会报出明确的故障，但该机型只是停留在待机状态，不往下运行，对维修增加了难度，没有具体的方向，需要对整机做全面的排查，如果维修该机型有较多经验，可直接修复电压检测电路。A7800 之类隔离放大器属于常见损坏元件，如果在线测试有问题，可先直接更换再上机测试。

6.24 东元变频器 7200MA 报过载

故障：客户送修一台东元变频器，型号为 7200MA 型，功率 4kW，上电报变频器过负载故障。

检修：上电即报过载故障，说明机器还没运行，在自检阶段就报故障，一般和驱动电路或者电流检测电路有关联。因怕客户描述不客观，先拆机观察，该变频器属于小功率机器，整流模块和 IGBT 模块做在一起，大致检测模块，没有发现明显的短路故障。该变频器驱动电路由上桥 3 只 PC923 配合下桥 3 只 PC929 芯片进行驱动，PC929 内部具有完善的保护电路，先人致对两组芯片组成的电路进行阻值对比，发现一片 PC929 和另外两片字符标记不一样，查看焊盘，应该是被别人维修更换过（图 6.32）。仔细检查发现第 8 脚有脱焊的现象，第 8 脚为报警信号输出脚，引脚和焊盘完全没有连接。将该芯片用热风枪吹下，发现第 4 脚和第 14 脚焊盘脱落，观察第 4 脚和第 14 脚连接线路走向结合芯片的电路，第 4 脚为空脚，第 14 脚和第 10 脚内部短接，焊盘脱落并不影响其功能，重新处理焊盘，将芯片焊好。再检查其他各路驱动，没有发现明显故障。上电故障解除。为进一步确定是否修复，将变频器控制模式改为面板操作，进行点动操作，测各相输出电压均衡，再将控制模式调回原模式，交客户试机，故障修复。

图 6.32 东元变频器 7200MA 过载故障

经验总结：PC929 和 A316J 之类芯片有 IGBT 模块管压降检测功能，过流过载检测是通过检测管压降来确认的。他人维修过的电路板应留意排除虚焊、焊反、连锡等人为问题。

6.25 安川伺服驱动器 SGDM-10ADA-V 报 A30 故障

故障：接修一台安川伺服驱动器 SGDM-10ADA-V，功率 1kW，伺服驱动器报警代码 A30，如图 6.33 所示。

图 6.33　安川伺服驱动器报 A30 故障

检修：查阅安川伺服驱动器 SGDM-10ADA-V 型号用户手册，A30 故障代码解释为：再生电路检查错误；再生处理回路异常；再生电阻断线；再生晶体管故障。根据故障代码解析有几种情况，一种是刹车电阻检测电路故障，一种是刹车电阻损坏或断线，一种是控制刹车的晶体管故障。拆机后检查电路，刹车电阻是通过 IGBT 进行控制的，IGBT 大致检查没有问题。再检查刹车电路，并没有断线。将刹车电阻拆下来，发现电阻外壳已经裂开，用小刀将外壳撬开，发现里面的电阻丝已经断开，造成开路，整个电阻由 12Ω 100W 的刹车电阻和 2Ω 的 U 相、V 相短路电阻做到一块，短路电阻是好的。购买相同阻值功率电阻更换，交客户试机，故障修复。

6.26 安川伺服驱动器 SGDV-180A11A 报 A410 故障

故障：客户送修一台安川伺服驱动器 SGDV-180A11A，功率 2kW，伺服驱动器上电报 A410 故障。如图 6.34 所示。

图 6.34　安川伺服驱动器报 A410 故障

检修：查安川该型号变频器用户使用手册，A410 为直流母线电压过低，拆机观察该板，直流母线电压由外接三相 220V 经过整流后，通过充电电阻加到电容进行滤波，同时通过串联三个 180kΩ 的电阻分压后再通过一个 100Ω 的电阻对电压进行采样，并通过 A7840 放大检测母线电压。母线电压过低有两种情况，一种是母线电压确实过低，另一种是检测母线电压的检测电路出现故障，导致误报警。上电测整流模块输出电压有 320V，但母线电压只有 2V，明显是电压没有加到电容两端。检测电路充电电阻，充电电阻由两个 5Ω 7W 的电阻串联，其中一个电阻断路，导致电压不能加到电容两端。手里没有相同的电阻，用两个 5Ω 10W 的电阻代替，用功率更大的电阻替换完全没有问题。再检测充电继电器触点接触良好，通电后继电器能正常吸合。

经验总结：充电电阻损坏经常是因为充电继电器吸合不好或触点电阻偏大导致充电电阻长期处于有电流流过状态，因发热而烧断，需要进一步确定充电继电器是否损坏，以及继电器的驱动三极管回路是否正常。

6.27　LS 伺服器 APD-VN04N 上电无显示故障

故障：接到客户送修伺服器一台，型号为韩国 LS 的 APD-VN04N，客户反映该伺服器上电没有任何反应。如图 6.35 所示。

检修：拆机先排除最重要的元件 IGBT 没有短路故障，其次检测整流模块没有明显故障。上电无显示一般都是电源问题，在检查整流模块的时候顺便检查整流电路，接控制电压，滤波电容两端有 320V 直流电压。再检测驱动电路输出电压，明显不正常，故障在开关电源。该伺服器开关电源用的是 TOP 244YN 芯片，大致测一下 3、4、5 脚两两之间电阻为十几欧，应该存在明显的短路问题。更换电源芯片，再查驱动电路电源正常，六路驱动光耦正常，上电显示报警号为 AL：02，查故障代码为未接主电源，为保护模块一般都上控制电压，再接上主电源显示正常，报警消失，交客户试机故障修复。

图 6.35　LS 伺服器上电无反应

经验总结：TOP 之类的电源控制芯片，因为开关管集成在芯片内部，损坏多以芯片本身损坏常见，一般更换就好。

6.28　安川 SGDV-180A11A 伺服器数码管无显示故障

故障：接到客户送修一台安川伺服器，型号 SGDV-180A11A，反映上电数码管无显示。

检修：数码管无显示，首先检查电源问题，发现整流模块没有短路故障。再初步检查 IGBT，续流二极管导通正常，也没有明显短路现象，给电源上控制电压，发现电源指示灯点亮，再检查各路电源正常。数码管无显示，检查数码管周边供电电路也没有问题，顺着数码管的信号线路一直查到一个大芯片，都没有发现问题。到底是数码管显示问题，还是芯片压根就没给数码管发出显示信号？再上控制电压，用手摸各芯片，发现数码管连接的那个大芯片烫手，判断该芯片短路（图 6.36）。查一下该芯片型号及相关资料，需要对芯片进行程序烧录，程序烧录需要确保相应的软硬件资源，大多数程序芯片内部数据都有加密操作，重新烧录不现实。只有更换主控板才能修复。

图 6.36　主芯片短路

经验总结：带程序芯片大多有加密设置，碰到此类芯片如果确认损坏，就无须再在板上折腾，需要果断放弃维修，以免浪费时间精力。

6.29 三菱变频器 FR-E740-1 模块损坏故障

故障：客户送修一台三菱变频器，型号为 FR-E740-1（图 6.37），客户反映该变频器停机检修，再开机时有爆炸声，面板显示也没有了；拆开机器看里面变频器模块已经损坏了，充电电阻烧坏，充电继电器也烧坏。

检修：从损坏的元器件来看，应该是主电路出现故障，很可能是外部浪涌电流太大造成电压太高，导致充电电阻及充电继电器烧毁，但仔细一看，前面的压敏电阻却没有损坏，按道理造成这么大的损坏，冲击电压肯定很大，压敏电阻是首当其冲要承担责任的，看来不一定是外部电压的问题。既然和外部关系不大，现在充电电阻坏了，继电器也坏了，而客户反映电动机是没问题的，输出端没有短路，那剩下的就是充电电容短路引发的问题。观察电容

图 6.37　三菱变频器 FR-E740-1

没有鼓包，为保险起见，将电容拆下，用电桥测量，一个电容的容量已经为零，且损耗角正切值 D 明显偏大，漏电明显，再测其他电容也都明显容量很低，更换这些损坏的元件，试机故障修复。

经验总结：电容的损坏单单使用万用表或电容表不一定能够测试出来，使用数字电桥测试就能够测试出来。

6.30 台达变频器 VFD-M 报 OC 故障

故障：客户送修一台台达变频器，型号为 VFD-M/2.2kW（图 6.38），反映变频器启动就报 OC。

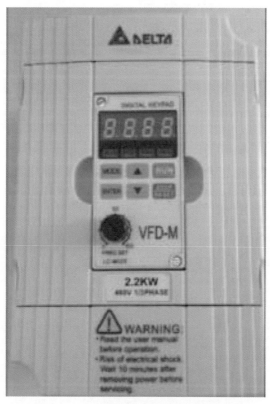

图 6.38　台达变频器 VFD-M 报 OC 故障

检修：报 OC 的情况有很多种，包括主电路故障、模块损坏、驱动电路不良以及检测电路本身的问题，需要一个一个进行排除。首先打开机器大致观察，该变频器被人维修过，模块都是新换上去的，这样的故障一般不好找，因为其他工程师已经排除了一些明显的故障，剩下的故障就比较隐蔽，并且经过排查还没有解决问题。但我们还是必须一步一步排除。

首先对主电路检查，没有问题，再检查检测电路包括互感器等也没有问题，重点再检查驱动电路，六路驱动脉冲都很正常，模块是新换的，再彻底检查，也是没有什么问题。

这样检修就进入难点了，报过流有没有可能是带负载能力不行？前面检测的是驱动电路的激励电压，通过测量六路驱动的电流输出能力，发现 U 相下臂输出电流值明显低于另两路，顺着电路往上查，发现 PC929 的脉冲输出脚对地阻值和容量值对比另外两路有明显差异，最后发现接到后级功率放大电路的一个电阻阻值变大，导致输出驱动电流偏小，更换阻值变大的电阻，输出电流正常。

经验总结：变频器上桥 3 路驱动电路是完全相同的，下桥驱动 3 路也是完全相同的。相同的电路，有两个相同的节点可以对比，相同节点可以认为阻值相同，电容量相同，如果使用电桥对比电容和 D 值非常明显，如果不同，则提供给了我们故障线索。

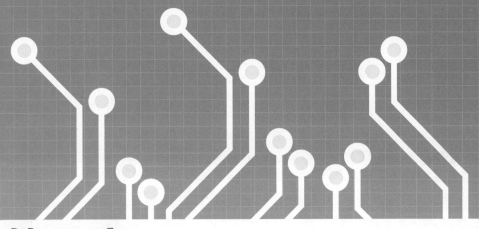

第 7 章
仪器仪表维修实例

7.1 Finnigan（菲尼根）LCQ DecaXP Plus 质谱分析仪控制板自检不过

故障：使用者反应某项功能自检通不过，某一处 100 多伏电压上不去。

检修：检查各元件外观无任何异常，未见烧损、断线、腐蚀情况。万用表测试各保险管、三极管、MOS 管、稳压管正常。受控电压为 100 多伏，首先考虑与模拟电路有关。此板模拟电路高压部分在板上有特别标示注意高压，电路包含 6 个高电压运算放大器 PA42，如图 7.1 所示。

此运算放大器外观及引脚功能如图 7.2 所示。实测电路板上 PA42 的第 2 脚接地，为 0V 电压。从 CPU 电路来的数字控制信号经过 DAC（数模转换器）转换成模拟信号，串联一个 10kΩ 电阻后接至运放 PA42 第 1 脚，第 1 脚与运放输出第 10 脚之间有 120kΩ 反馈电阻，可知运放是一个反相放大器，增益 12 倍。将质谱仪通电实测第 5 脚电压 -140V，第 6 脚电压 +140V。由运算放大器处于放大状态时反相输入端和同相输入端虚短的原理可知，此运放第 1、2 脚电压应该相等。遂逐个将 6 个运算放大器的电源脚及第 1 脚测量一遍，其中 6 个运放有 5 个第 1 脚电压都是 0V，这符合运算放大器的规律，而测量剩下那一个运放的第 1 脚电压时，读数为 6.7V 且不稳定，会跳动，同时测第 10 脚电压也在跳动，显然，这不科学，不符合运算放大器的虚短特点，判断此运算放大器已必坏无疑。购新件更换后试验机器正常。

经验总结：各种运算放大器都可以在线通电测试输入输出电压来大致判断好坏。

图 7.1 质谱分析仪控制板

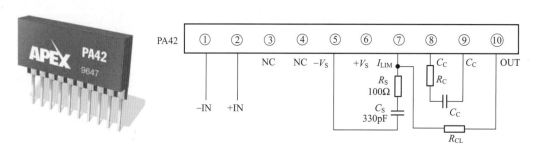

图 7.2 运算放大器外观及引脚功能

7.2 中国台湾产 IDRC 功率计 CP-310 测量超差

故障：测量超差，显示的电流、功率比实际的高，超出误差范围。

检修：取一个灯泡，给 220VAC 接入功率计，接通电源，记下显示的交流电压、电流和功率，与正常的功率计比较，故障功率计比正常功率计超出大约 3% 的电流和功率值，电压显示正常，使用高精度的 FLUKE189 万用表串联功率计的电流输入端，观察功率计的显示值比万用表的显示值也偏大约 3%。拆开仪器外壳，观察线路板，发现取样信号分成电流和电压两路，分别接入金属外壳屏蔽的后级放大，再经 AD 转换送单片机做数据处理。其中，电流信号串联一个 W 型金属片来取样其上的电压，取样电压再送放大电路。揭开电流取样放大部分的屏蔽罩，发现若干关键芯片的印字已被磨去，不知用的是何芯片。发现电流取样放大电路部分有一个蓝色可调电阻，记住此可调电阻的位置，用螺丝刀试着调整，并同时观察显示电流和功率值，发现无论顺时针逆时针调整后都无变化。电流取样信号首先通过一个电阻进入一个 8 脚 DIP 封装 IC，但 IC 型号被擦掉，如图 7.3 所示。

8脚芯片

可调电阻

并联电阻，增大负反馈，减小放大倍数

图 7.3　功率计电路板

分析此台仪器价值应该不是特别昂贵，料想仪用放大器也不会用得太昂贵，而平时接触最普通高性价比的放大器就数 OP07 了。遂在电路板上核对电源脚位及同相反相输入端，皆与 OP07 吻合，权且将此放大器当作 OP07，因为调整可调电阻不能使显示改变，所以尝试别的方法去略微减小电流取样放大倍数。方法之一是改变 W 型的金属条取样电阻，但是这很难控制。方法之二，改变反馈电阻的大小从而改变整体放大倍数。OP07 与外接电阻组成反相放大器，找到此芯片 2 脚与 6 脚之间的电阻 RA12，标称 1.5kΩ，1%，实测为 1.505kΩ，符合精度。根据反相放大器原理，电压放大倍数与反馈电阻大小成正比，所以只要将反馈电阻 RA12 适当减小就可达到目的，而在 RA12 上并联某个阻值的电阻，并联后的阻值就会减小，于是先在 RA12 上并联一个 100kΩ 可调电阻，然后一边调整可调电阻一边观察功率计的电流显示，当与万用表的显示一致时，将此可调电阻取下，测量其阻值为 62.3kΩ，然后找一个 62kΩ 电阻替换此可调电阻，试着将功率计接不同负载，观察显示电流和万用表的显示值都相同，再将此功率计与好的功率计测量一样的负载，更换不同的负载，显示值在误差范围内都相同,至此维修完成。

经验总结:某些设备电路板,厂家为了防止别人仿制,会把某些芯片型号擦除,这样会给维修带来一些麻烦,但是维修者如果有电路分析功底,也可以从外围接线大致分析出芯片型号。74系列的数字电路芯片还可以使用测试仪的芯片识别功能查找到未知芯片的型号。

7.3 美国伯乐(Biorad)基础电泳仪电源按键无响应

图 7.4 伯乐基础电泳仪

故障:一台美国伯乐 Biorad 基础电泳仪电源,如图 7.4 所示,按键无任何数字变化。

检修:机器通电后,数码管显示"0",按下任何按键无响应。拆开外壳,发现内部电路板有两部分供电电路,如图 7.5 所示。一部分为单片机及控制部分供电,由电源管理芯片 TNY256GN 控制输出。另一部分电压/电流输出由电源管理芯片 3845B 控制输出。

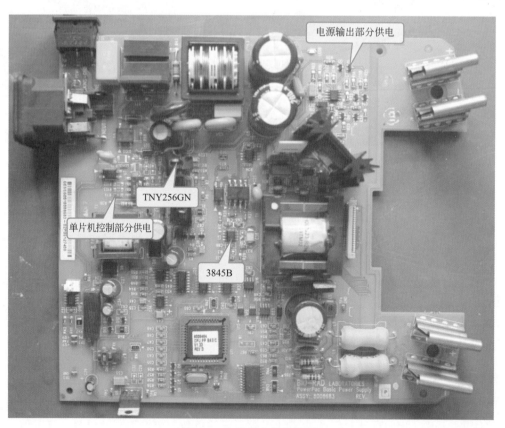

图 7.5 电泳仪内部电路板

机器能够显示，显然单片机供电没有问题，这一块电路部分不用理会。查 3845B 的启动电压是 8.4V，在其电源供电端加接 9V 电源，用示波器检测 3845B 的第 6 脚输出，发现没有波形，第 4 脚有锯齿波电压。测试第 8 脚电压 5V 正常，第 3 脚电压 0V，电流脚没有保护，显然故障在电压保护。2 脚接地，1 脚的电压才是关键。顺着 1 脚往前查电压反馈部分，怀疑光耦有问题，取下来测试正常，再焊接上去，无意中再通电时，发现按键能够起作用。怀疑电路板反馈部分有接触不良，补焊反馈部分电路板的过孔焊锡和引脚焊盘。数天内开机测试，均能对按键响应。

经验总结：某些无法找到实质性损坏元器件的电路板，不妨采用补焊某些可能的虚焊点的方法，或者使用超声波彻底清洗电路板、彻底烘干电路板的方法，有可能达到修复的目的。

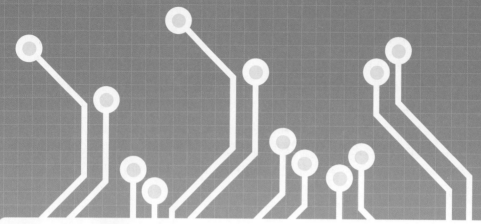

第8章
控制板卡维修实例

8.1 康明斯发电机控制器故障

故障：3台康明斯船用发电机不能启动，更换控制器故障排除，确定故障在控制器。

检修：如图8.1所示，给电路板通5V电压，然后测试RAM存储器的数据脚波形，发现波形不怎么规则，隔一会儿又来一串，貌似单片机隔一会儿就会复位。找到复位芯片ADM705AR，该芯片内部结构如图8.2所示，实际测试复位脚确实不断地有输出脉冲，表示单片机在不断地复位。分析复位信号输出的原因，除了电压不足外，还可能是丢失看门狗（WATCHDOG）信号，而实际测试5V电压稳定，看门狗输入端（WDI）没有脉冲信号，确系看门狗输入信号引起复位，推测系统程序步没有运行到输出看门狗这一步就跑飞了，而系统程序来自FLASHROM芯片，将FLASHROM芯片AM29F400BB取下，烧录器读内部程序时，始终报警"发现未接触的管脚或损坏的管脚"（图8.3），指示15脚有问题。客户处找相同机器的FLASHROM拆下读出程序，复制1片焊接好，电路板装机测试，机器恢复正常。

经验总结：存储器是单片机系统中相对容易损坏的器件，某些看似复杂的板卡，不妨先从存储器入手，检修起来有比较大的修复概率。

图 8.1 康明斯船用发电机控制器板

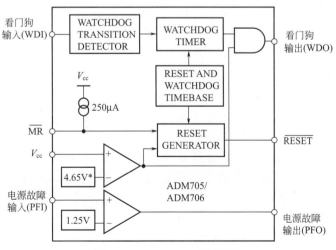

图 8.2 ADM705 内部结构图

图 8.3　芯片报警

8.2　机械手主控板不开机故障维修

故障：一块 STAUBLI 机械手控制板（如图 8.4 所示），通电后，数码管显示没有动态变化，而正常的板子通电后，数码管经过类似于自检的数字变化后，出现闪动的横杠"-"。

检修：怀疑单片机没有跑数据，查找满足单片机正常工作的必要条件：①电源正常；②时钟信号正常；③复位正常；④程序正常。

给稳压芯片 LM3940-3.3V 的 1、2 脚加 5V 电压，检测 3 脚电压为 3.3V 正常，通电后用示波器测试晶振输出脚有正常波形，查单片机 AN2131QC 复位属于高电平复位，用示波器检测复位脚上电后有 100 多毫秒高电平跳变。说明单片机电源、时钟、复位都正常，故障在程序上或者单片机本身物理损坏。

观察单片机旁边有一个串行铁电存储器 FM24CL64，手头有一块正常的电路板，示波器检测通电瞬间，SCL 串行时钟脚和 SDA 串行数据脚有波形，而故障板检测不到波形。怀疑 FM24CL64 内部程序错乱，从好板重新复制该芯片程序，通电发现数码管显示状态和好板一致。后发现该单片机上电后须从存储器读取启动引导程序，故障板因为存储器代码混乱，未能正确读出引导程序，故而后续程序不能执行，出现不开机故障。

经验总结：存储器尤其是串行 EEPROM 属于相对容易损坏器件，当电路板出现没有报警的奇怪故障，可能就是串行 EEPROM 损坏或者程序混乱。

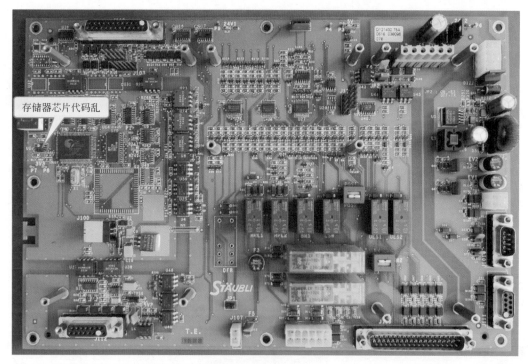

图 8.4　机械手主控板

8.3　瓦锡兰船用接口板部分模拟量检测故障 ‹

故障：一块瓦锡兰船用接口板，反映部分端口温度和压力检测值无显示，电路板如图 8.5 所示。

图 8.5　瓦锡兰船用电路板

检修：温度、压力、流量传感器信号一般是经与端口的运放处理电路进行处理，然后匹配 AD 转换器，转换成数字信号后再送处理器。只有部分端口没有正确信号，其它端口信号正常，说明总的数字处理电路没有问题，问题出在部分 AD 转换通道，如部分运算放大器工作不正常，部分 AD 转换器工作不正常，部分通道的选择数字信号不正常。

因为板子从船上单独取下，没有整机联机查看，只能对电路板不通电，对比相同通道的对地和对电源正端阻值，或对电路板通电，测试运放和 AD 转换器的相关脚位电压值来判断。

经验总结：当想方设法查不出电路板故障时，如果电路板有 BGA 芯片，不妨重新植球焊接。

8.4 喷绘机板卡故障

故障：柯尼卡 UMC 板，喷头只能朝一个方向走。电路板如图 8.6 所示。

检修：喷头由电机驱动，只能朝一个方向走，说明某个方向的控制信号通路阻断，重点检测信号输入。检测各输入端光耦传输信号功能是否正常，经检查有一个光耦 PC847 前级的电阻开路，更换电阻试机正常。

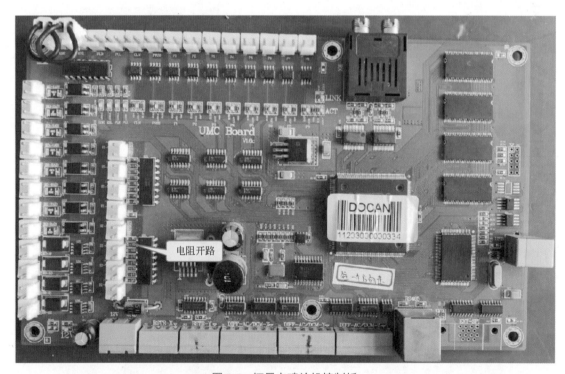

图 8.6　柯尼卡喷绘机控制板

8.5 喷绘机控制板卡通信故障

故障：理光喷绘机控制板，反映通信有问题。

　　检修： 客户反应此板各控制动作正常，但是和其它组件联机有问题。从光纤通信入口查找，可以找一根光纤，将光纤通信输出端口和输入端口连接，改变输出端口逻辑，同时检测输入端口逻辑，观察是不是跟随变化，如果没有变化说明光纤信号收发端子有问题。经测试光纤信号收发端子确实存在问题，更换后此板修复。如图 8.7 所示。

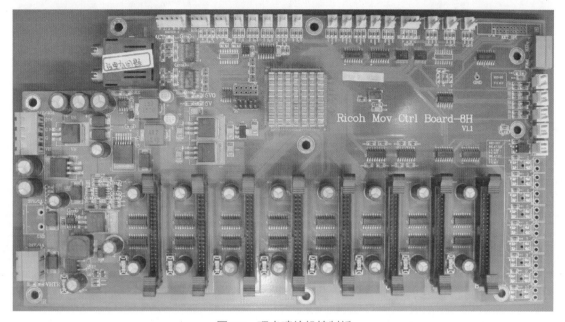

图 8.7　理光喷绘机控制板

　　经验总结： 维修思路要有逻辑性，要充分了解用户反映的故障情况，再从相应的切入点入手查找故障点。

8.6 船用广播系统控制板控制失效

　　故障： 船用广播系统控制板，通电红灯闪烁，如图 8.8 所示。
　　检修： 此板为双单片机系统，有灯闪烁，说明至少有 1 路单片机系统程序正常运行。维修任务紧急，为尽快找到故障，按照损坏概率依次检查电解电容、稳压电源、晶振。电桥在线测试所有电解电容，发现有两个 $10\mu F$ 电容 D 值过大，因单片机上有贴纸，也不方便撕掉贴纸，不好确定单片机电源脚测电源电压波形，只好系统通电测试晶振波形，发现一个无源晶振输出不是标准的正弦波，而是如图 8.9 所示的奇怪脉冲，怀疑晶振损坏，更换晶振故障依旧。把单片机旁边电容换掉，重新通电，测试晶振波形正常，为标准的正弦波，而且报警灯也不再闪烁。此板有两个 $10\mu F$ 同一品牌电容 D 值过高，而其它电容无一损耗，估计电路板采购电容批次品质不佳，虽然换了一个电容看起来故障解决，为保证维修可靠，应该把另一个电容也加以更换。维修后客户整机试机正常。
　　经验总结： 测试电解电容要养成好习惯，不能忽略板上每一个电解电容，如果刚好错过检测的电容有问题，就会错过修复电路板的机会。

图 8.8　船用广播系统控制板

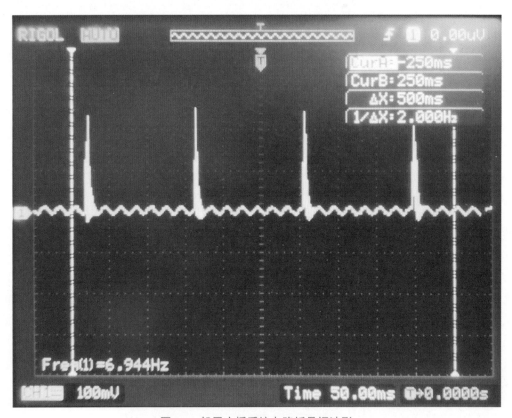

图 8.9　船用广播系统电路板晶振波形

8.7 FB137 超声波基板控制超声波释放不稳定 <

故障：FB137 超声波基板，客户反映此板控制超声波释放不稳定，检验不到，不在范围内。FB137 超声波基板如图 8.10 所示。

图 8.10　FB137 超声波基板

检修：此板维修稍有难度，因为故障不确定，不好确切地从检测元件好坏入手。根据过往维修经验，时好时坏故障有以下几个原因：①电路元件接触不良或受脏污、潮气影响；②电路元件热稳定性不好；③电路有时候受干扰出现故障；④电路参数裕量设置不当，可能超出系统报警范围，系统因而关闭输出。针对以上原因我们采取以下维修方案：①目测电路板上元器件状态良好，未受腐蚀，也没有 BGA 芯片，接触不良可以排除，为排除灰尘和湿气影响，使用超声波将电路板清洗后做烘干处理；②使用数字电桥检查电解电容 100Hz 下的 D 值，都处于偏小状态，说明电容状态尚佳，另有带散热器的大功率运算放大器 LM675，担心热稳定性不好，将其更换；③受干扰的情况可以排除；④参数裕量的设置，关注了电路板上数个可调电阻，发现有一个电阻调节偏离了原来的记号（也许是其它维修人员操作的结果），将其再调节回原来的记号位置。

8.8 FB150 超声波放电箱放电异常 <

故障：FB150 超声波放电箱，反映放电异常，时有时无。

检修：此放电箱包括 3 块主要的电路板，如图 8.11 ～图 8.13 所示，根据反映的故障，

电阻变值

图 8.11　FB150 超声波放电箱输出板

图 8.12　FB150 超声波放电箱主控板

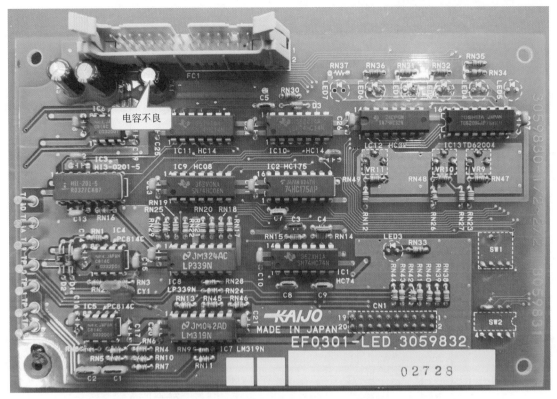

图 8.13 FB150 超声波放电箱手动接口板

首先测试各电解电容的 D 值，发现操作接口板上面有一个 47μF 电容不良，D 值为 0.17，偏大，此电容并联在数字芯片 5V 电源两端，虽然有点不良但不能很确定就是它引起的问题，继续检查，又发现一个 3W 20Ω、0.1% 精度的采样电阻测试阻值已经变成 61Ω。因为此板分别有 2MΩ、10MΩ、22MΩ 阻值的电阻，而这些大阻值电阻容易受到灰尘湿气或电路噪声的干扰，所以除了将发现问题的电容和电阻更换，还一并将电路板做清洗烘干处理。

8.9 FANUC A02B-0303-C205 控制模块失效

故障：控制失效。

检修：经查 24V 转 5V，3.3V 电压无输出，查 24V 输入相关保险及相关二极管正常，查电容无短路，电容 VI 曲线正常，此板还有他人维修痕迹，属曾经维修不成功模块。此模块采用 step-down 降压式开关稳压芯片 LTC3707EGN，它的典型电路如图 8.14 所示。

先不怀疑芯片损坏，查周边元件，当查到一个标称 242（2.4kΩ）的贴片小电阻时，显示 12.3kΩ，说明此电阻已经损坏。找相同阻值电阻更换后，给模块通 24VDC 电压，5V 输出正常，3.3V 输出只有 1.2V 左右，断电量 3.3V 电源正负间电阻只有 20Ω，怀疑某个元件短路，试着通电一段时间，逐个用手摸 3.3V 上并联的元件，当摸到一个 220μF 钽电容时，感觉其

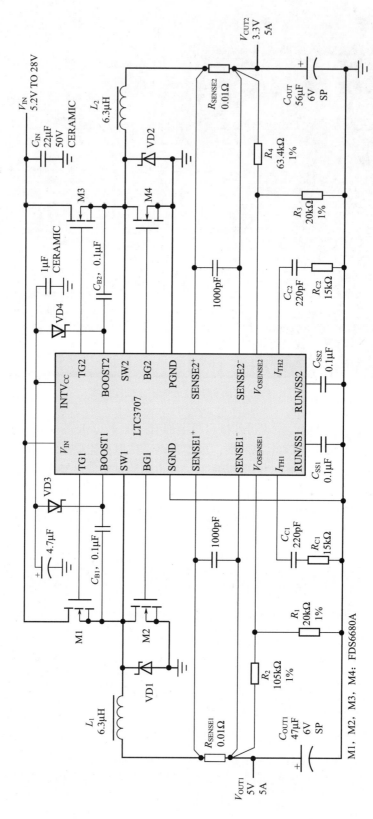

图 8.14 LTC3707EGN 组成的典型电路

表面发烫，仔细观察，发现被以前的维修者动过并且焊反了，将其更换，复查 3.3V 两端还是 20Ω，通电后 3.3V 电压却正常了。说明 20Ω 电阻是正常的，3.3V 还有一个 BGA 芯片在使用，阻值较小，估计是 CPU 芯片，类似于电脑主板 CPU 电源两端的电阻值，只有数欧姆，属于正常。引发故障的最初原因是 2.4kΩ 电阻损坏，然后先前的维修人员又把钽电容焊反了。钽电解电容会在正极一侧标注，这和铝电解电容在负极标注相反，无经验的维修人员容易弄错，应引起注意。

经验总结：铝电解电容在负极做记号，钽电容的记号在正极。如图 8.15 所示。

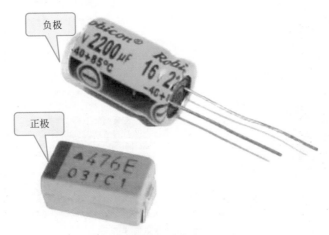

图 8.15 铝电解电容和钽电容极性标识

8.10 FAUNC IO 模块 A03B-0815-C001 失效

故障：此 I/O 模块使用在液压机械上，用户反映机器换其它相同模块就可以正常运行，用此模块不能正常运行。

检修：拆开模块，观察电路板，电路板很新，元件外观成色都崭新，板上未发现有烧焦痕迹，如图 8.16 所示。

板上 5V 电源电压由外接 24V 经 MC34063 组成的 DC-DC 变换电路得到，检测电源部分相关保险电阻、MOS 管、电容等元件正常。通 24VDC 电压，实测 5V 输出电压稳定正常。板上元件不多，将所有电阻和排阻测量一遍，阻值正常。小电容也未发现短路。使用电阻法测量大芯片对地电阻，FLUKE189 万用表置通断测试挡，当被测电阻值小于 20Ω 时，万用表蜂鸣器会报警。将黑表笔接地，红表笔沿着密脚芯片脚位逐个接触扫过，当扫到 FANUC 芯片 DRV01A 上 3 个脚位时，蜂鸣器发声，观察电阻只有 12Ω 左右，检查外围并没有低阻值元件连接这几个脚位，判断此芯片这几个脚位内部对地击穿短路，可能是由外接端子带电插拔或串入干扰引起。购相同芯片更换，模块上机工作正常。

经验总结：数字电路损坏很多表现为引脚对地或对电源短路，可以使用万用表蜂鸣器挡来迅速找到这些短路的引脚。

有三处引脚对地短路

图 8.16　FANUC IO 模块

8.11　老化测试机控制器 FLASH 程序破坏

故障：一台老化测试机控制器，出现与 LED 数码管显示屏不能通信故障，用户已经对调测试确认显示屏是好的。如图 8.17 所示。

检修：此数码管显示屏有一个特点，即须连接主机后，由主机与其握手通信，如果主机原因引起通信故障，显示器就无显示。拆开主机，找到相关通信接口，发现主机和显示器的通信是通过两个光耦 P121 来控制的，一个用于接收信号，另一个用于发送信号，如图 8.18 所示。目测检查主机未有元件烧坏及腐蚀痕迹，通信线检查无断线现象，各组电源电压正常，平稳无纹波。取下光耦测试正常，与输入输出通信光耦相连接的元件如电阻、三极管、74HC14 芯片都正常。通电检查 CPU 电路起振有波形，因板上元件不多，除去两片带程序的芯片 29F040 和 24C04 以外，将 74 系列逻辑芯片全部取下测试，都是好的。

最后怀疑程序芯片有问题，板上 29F040 是 FLASH 存储器芯片，24C04 是串行输入输出的存储器芯片，这两种芯片都是可以重复擦写的。试着用程序烧录器读出程序后，存入电脑，再往原芯片写入读出的程序，这样不会将程序弄丢。发现 24C04 重新写入没有问题，而 29F040 重新写入出错，不能擦除清空内部程序，判断 29F040 已经损坏。在拔出 29F040 芯片后还发现电路板上 IC 座的方向焊反了，检查 IC 座的引脚没有明显的拆焊痕迹，应该出厂时就是焊反的，估计用户曾经试图维修该电路板，试图用好板上的 29F040 代替坏板上的，但受 IC 座焊反误导，将芯片插反，等明白过来后已经通电造成损坏。程序损坏只有找相同芯片复制才可以修复，询用户得知还有相同机器一台，嘱其带来，读出 29F040 的程序，买新的 29F040 芯片，写入好机程序后，联机通电，显示一切正常。

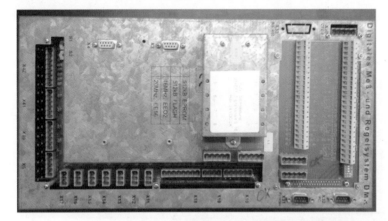

图 8.17　老化测试机控制器主机和显示器

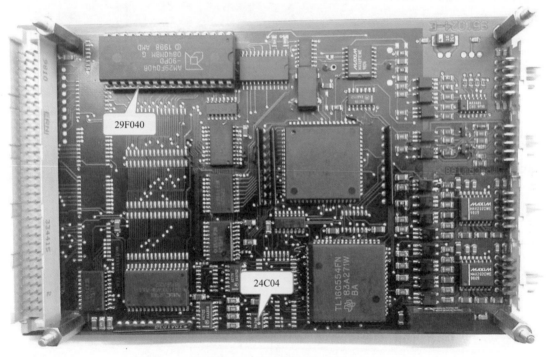

图 8.18　老化测试机主控板

8.12　Graf 油盒控制板经常误报警

故障：Graf 纺织机械纱线油盒控制板 ECO Lub，不能检测管道内是否有油，经常误报警。

检修：如图 8.19 所示为线业公司给纱锭上油的机器上的一个控制装置，装置设置得很巧妙，由对称的两个电阻通电给纺织管道加热（铝管直径约 8mm），再由两个粘在管道上的 NTC 检测管道的温度，其中一个 NTC 离管道的加热部分比较远，另一个比较近，油从离得近的 NTC 一头流向另一头。如果管道有油流动，则油带走热量，使得两侧 NTC 检测的温度基本一致，误差较小。如果管道没有油流动，则离得近的 NTC 检测温升较快，温度误差足够大时触发报警，指示缺油。

图 8.19　纺织机械纱线油盒控制板

知道原理以后，测试相同温度下两个 NTC 阻值，发现阻值相差较大，必然导致检测误差。找两个温度特性一致的 NTC 更换，一切正常。

经验总结：必须要把运算放大器和比较器的典型基本电路弄明白，在维修模拟电路时可以比照分析。温度比较电路常常采用的桥电路形式如图 8.20 所示。

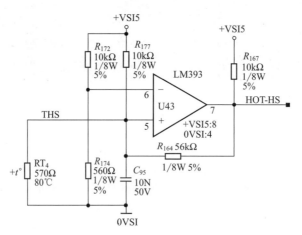

图 8.20　温度比较电路

8.13　船用发电机控制箱故障

　　故障：一远洋船舶使用的发电机控制箱故障，用户反映不能控制发电机输出。

　　检修：拆开机箱内部，仔细观察板上元件，没有发现烧损痕迹，实物机箱如图 8.21 所示。一般来说，大功率的三极管、MOS 管等半导体器件损坏的概率比较大，而且此板有很厚的绝缘涂层，为方便起见，先从板上的大功率三极管查起，使用万用表二极管挡在线测各管的 PN 结特性，如果符合，则认为此管没有问题，如果有短路，则拆下管子离线测量，以确定是管子本身损坏引起还是板上其它元件引起。

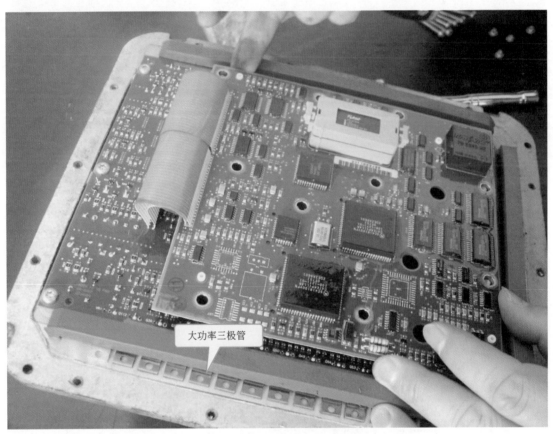

大功率三极管

图 8.21　船用发电机控制箱内部

　　如图 8.22 所示，当测量到一个 PNP 三极管 MJE15031 时，发现三个引脚之间都呈低阻值短路状态，拆下单独测量此管，确实是管子本身短路，另外无意间还发现一个三端稳压 IC 7805 的输入和输出端只有 6Ω 电阻（此种情况不常见，一般只会分别测量输入和输出对 GND 地之间的阻值，不会测量输入输出之间的阻值，容易忽略，应引起注意），将损坏的元件更换后继续检查和这两个损坏元件相连的其它元件，如可能串联的电阻、二极管等，因为这两个元件有短路，短路必然伴随着电流的增大，很有可能使前级串联元件通过很大电流，使得这些元件也有损坏。实际检查并无其它元件损坏。将直流可调电源调至 7V，电流限制在 100mA 左右，接入 7805 输入和地之间，观察可调电源是否过大保护，如果保护，再慢慢调大电流，并观察电源电流的变化，直到电流不保护，但最大不超过 500mA，结果电流显示 180mA 的时候，电源电流不保护，7805 输出 5V 也正常，至此维修完成，交给用户试机正常。

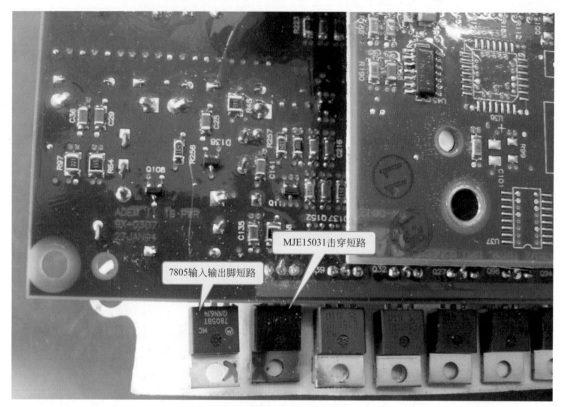

图 8.22 板上元件损坏

经验总结：三极管、场效应管等元器件，大部分损坏情况是短路损坏，测试时如果任意两脚之间不存在短路，则管子损坏的概率很小。

8.14 船用发电机控制器自检故障

故障：一台船用发电机控制器，最初无法启动，维修更换若干元件后，有一项参数无法自检，其它参数自检正常。

检修：重新检查功率部分的元件，没有发现损坏情况，根据维修痕迹检查元件更换情况，发现有一个电阻（图 8.23 所示蓝色电阻）与周围对应的电阻（黑色电阻）有所不同，黑色电阻为 0.2Ω，而蓝色电阻为 2Ω，应该是上次维修时维修人员搞错了阻值，将可能作为采样的 0.2Ω 电阻换成 2Ω，使得采样增大了 10 倍，溢出机器识别范围。重新购买一支 0.2Ω/2W，精度 1% 的无感电阻换上，交用户试机，故障排除。

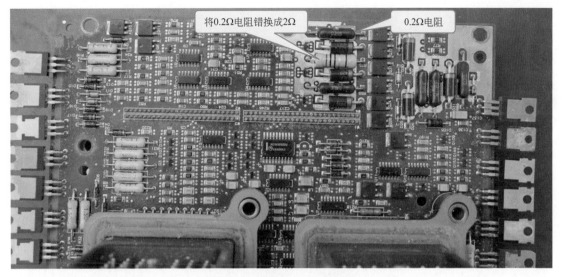

图 8.23 船用发电机控制板

经验总结：他人维修过的电路板要特别注意，可能会存在错误地方，多见于元器件型号选择错误、元器件方向焊接错误，以及虚焊、焊接连锡等问题。

8.15 麦克维尔中央空调控制板故障

故障：一台大型超市使用的麦克维尔中央空调损坏，用户反映控制箱通电后，控制电路板有指示灯亮起，但显示器无任何反应。如图 8.24 所示。

检修：现场观察通电后主控板的 LED，发现无任何 LED 闪烁，类似电脑主板不开机的情况。测量主控板各路电源电压 +12V、+5V、+3.3V 正常。将主控板取下，用万用表电阻挡测量各路电源对地 GND 电阻值，+12V 对地 10kΩ，+15V 对地 2.7kΩ，+3.3V 对地 260Ω，皆属正常。

目测板上没有元件的烧坏痕迹。将多路输出可调直流电源三路分别调至 12V、5V、3.3V，注意电流不要调得过大，将这几路电压连线焊接至主控板的相应电源输入端，通电，观察可调电源的电流显示都在数十毫安不等。通电数分钟，用手摸各芯片，没有感觉任何芯片有温度异常。

将 FLUKE189 万用表拨至短路测试模式，该模式下，如果测试电阻 <20Ω，万用表蜂鸣器报警，同时万用表上显示测试到的电阻值。将黑表笔固定 GND 接地端，用红表笔一一扫过各芯片引脚，待蜂鸣器报警，观察万用表显示的电阻值，如果是一点几欧姆以下，说明红表笔所接的点与 GND 地相连，如果显示 2Ω 以上，说明红表笔所接节点某个芯片脚位对地短路。结果共测得 8 处短路点，将短路点标注好记号。将和短路点有引脚连接关系的芯片先后拆下，每拆下一个就重新测试一下标记的短路点，看短路情况是否消失。依此法再测试各脚位对 +5V 或 +3.3V（看是哪一个电源系统）有无短路点。

结果把 4 个接口芯片（2 个 LCX16245、2 个 LCX16273）拆下后，所有对地短路节点消失，说明短路是由这些芯片引起。将拆下芯片全部更换新件，重新测试各芯片，除了接地脚位，再无对地短路点后，主控板再上机测试，显示屏出现了正常显示，用户功能测试也恢复正常。

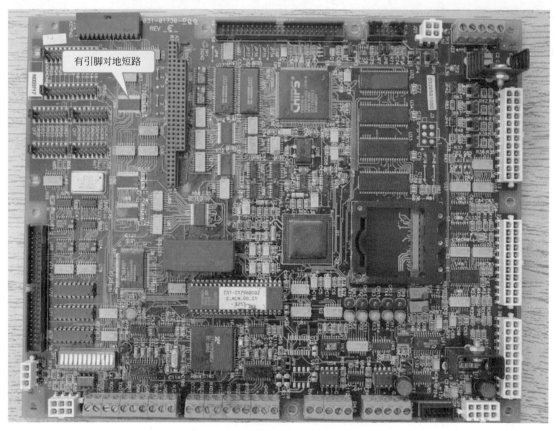

图 8.24　麦克维尔中央空调控制板

经验总结：数字电路常见的损坏形式是：有输入输出引脚对电源地或正极短路，不管多么复杂的电路板，大致可以采取如下方法粗略判断某些明显的故障：使用万用表短路蜂鸣器挡测试扫描各引脚是否对地短路，同时观察电阻值，电阻值 1Ω 以下一般是引脚本身在电路板接地，如果 1Ω 以上，可能是此引脚连接的某个元件短路，再循着此引脚连接的节点查找，可以比较快地找到问题所在。

8.16　OKUMA 加工中心编码器接口板故障 ‹

故障：一台老式 OKUMA 加工中心，用户反映先前 X 轴走低速时机器正常，高速时报警，一段时间后，完全不行，不能开机，用户通过调换确定是某一块编码器接口板所致。

检修：接口板实物如图 8.25 所示，因板上元件较少，可以每个元件都测试确认好坏。

首先测试电容 VI 曲线，发现并无异常，几个电阻在线测试阻值，正常。找到几个芯片的对地端，使用万用表先测试其它引脚对地的通断，如测试时蜂鸣器响，再观察显示的阻值，如果有引脚接地，则该引脚对地电阻显示的就是万用表的短路电阻即表笔的芯线阻值与表笔插头和万用表插座的接触电阻之和，实测电路板时再加上两表笔之间的铜箔电阻，一般在 1Ω 以下，如果有数欧姆，则考虑有元件内部短路，而不是铜箔短路。此板在测试到芯片 26LS31 的某个引脚时，发现其对地电阻为 2Ω，重点怀疑与此节点相连的所有元件，发现此节点除了与 26LS31 芯片相连，还和一个输出端子相连，端子对地短路的可能性很小，所以把 26LS31 拆下，再测短路脚对接地脚电阻为 2Ω，可以确定是该芯片短路。购新件更换 26LS31，板子上机运行，机器恢复正常。

经验总结：请参考上一例维修经验。

图 8.25　编码器接口板

8.17　某控制板风扇失控故障

故障：某控制板，用户反映 220VAC 风扇失控，只要板子一通电，风扇就转动，不能控制停转。

检修：找到风扇电源端子，顺着端子，发现 220VAC 风扇的电源是由一个 12V 固态继电器 AQG22212 控制的，如图 8.26 所示。测量固态继电器两个"触点"之间的电阻，只有 46Ω，拆下量还是 46Ω，正常应该是断开的，电阻应在数 MΩ 以上，确定固态继电器已经损坏。再循固态继电器的控制端查找，发现该继电器是由达林顿芯片 ULN2003 控制的，在线测量 ULN2003 无异常，判断应该只是固态继电器损坏，"触点"短路变为常闭，使得风扇一直得电，失去控制。更换固态继电器，用户试用正常。

经验总结：固态继电器的测试方法：可在开关一侧串联灯泡接入额定交流，在控制一侧加控制电压，观察灯泡亮起和熄灭情况。

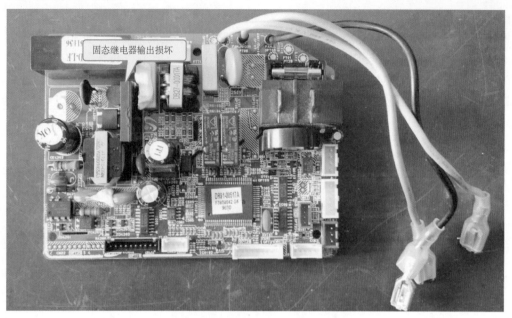

图 8.26　控制板风扇失控

8.18　纱锭半径检测板检测数值乱跳

故障：某纺纱厂一检测纱锭半径的板卡显示的数值乱跳，不稳定。板卡如图 8.27 所示。

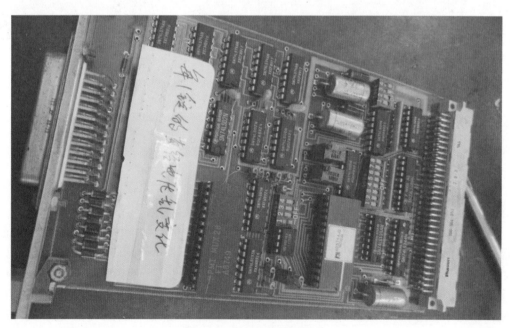

图 8.27　纱锭半径检测板卡

检修：首先怀疑板上三个电解电容有没有失效。数字电桥设定 100Hz、0.3V，在线测试

电解电容 D 值在 0.08 ～ 0.14 之间，电容损耗并未有多大问题。万用表扫各芯片脚对地阻值，也未发现有明显短路。电路板上有两个 IC 插座，怀疑接触不良。使用高精度万用表测试对应的芯片脚和 IC 插座脚之间的电阻值，如图 8.28 所示，发现有两个 IC 脚和插座脚之间阻值在 4.5 ～ 12Ω 之间变化且不稳定，而另外的引脚电阻都是 0.3Ω。将芯片从 IC 座子取下，发现 IC 引脚颜色发暗，没有光泽，氧化明显。使用刻刀将 IC 引脚氧化层刮干净（图 8.29），重新插入座子，再测接触电阻值，全部为 0.3Ω。将板子交给客户试机，问题解决。

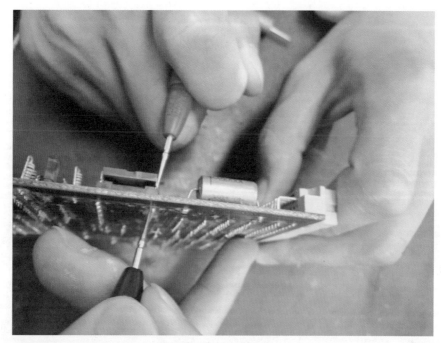

图 8.28 测试接触电阻

图 8.29 刮掉 IC 引脚氧化层

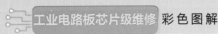

经验总结：维修应先从最简单直观的地方入手，上了年份的板子，IC座子、保险座子、跳线等容易因为氧化接触不良，PCB走线也容易因为腐蚀氧化断线，这些情况要最先引起注意。

8.19 老化测试箱控制器 SRAM 失效导致程序死机

故障：某电子产品老化测试箱控制器，通电开机后总是停留在半途某个界面，不能往下走。如图 8.30 所示。

SRAM损坏引起死机故障

图 8.30　SRAM 损坏引起死机故障

检修：机器可以开机，说明 BIOS 主程序、CPU 、时钟、复位电路都没有问题，甚至 SRAM 的低地址数据块都没有问题。我们知道，SRAM（静态随机存储器）是执行大量数据读写交换的元件。通常存储器的损坏也不是整个芯片的损坏，而是存储器内部某一个或某部分的存储单元出现问题。当程序或数据不会用到这些损坏单元时，应该不会引发什么问题，而当程序或数据恰好用到这部分单元时，势必造成程序或数据的错误，从而引发程序跑飞，造成程序的死循环。体现的故障现象就是程序停留在某一个界面，再也走不下去，按键也没有响应。另外控制器中用到的 FLASH 芯片类似于电脑中的硬盘，用于存储操作系统类文件，如果此文件出现错误，有可能导致程序不能执行下去。FLASH 芯片内部是包含数据的，如果芯片物理损坏或者只是这些数据出错，单单换上新的没有数据的空白芯片也是不能解决问题的，必须复制相同机器的数据才可以。鉴于此，先怀疑 SRAM 芯片问题，某些编程器可以提供 SRAM 的测试，但限于早期的低容量的 SRAM，如 62128、62256 之类，大容量的 SRAM 没有测试手段，鉴于此，此板是否有问题，可以通过代换 SRAM 来观察。通过代换 SRAM，重新上电开机，发现程序能够正确执行了，说明问题确实是 SRAM 引起。

经验总结：RAM、FLASH、EEPROM 芯片是单片机系统相对容易出问题的芯片，可以购买档次较高的编程器，这些编程器有 RAM 检测功能和 FLASH 读写功能，可以判断这些芯片是否物理损坏，还可以复制 FLASH 程序或 EEPROM 程序。

8.20　模拟量输入板某些通道出错故障

故障：某工业生产线的模拟量处理电路板，8 个模拟通道其中两个模拟通道有问题，显示数据严重偏离正常值。电路板如图 8.31 所示。

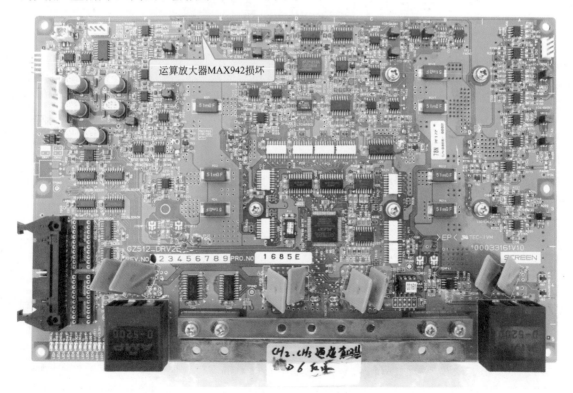

图 8.31　电路板

检修：根据客户提供的信息，找到故障通道的输入端。8 个输入端模拟信号是通过模拟开关切换接入后级处理的。对相同电路结构的输入端芯片对比阻值，没有发现阻值异常偏差。电路板模拟电路部分比较多，电路板上有很多运算放大器，而且这些运算放大器都是共用双电源的，为了查出是哪一个运算放大器的问题，找出运算放大器的正负电源端以及模拟部分 0V 电压点，用维修电源给电路板通电，再测试每一个运算放大器的同相输入端和反相输入端相对于 0V 点的电压值，如果电压一样，偏差不超过 0.1V，就认为该运算放大器无故障，这就是运算放大器所谓的虚短特点。如果电压有过大偏差，再关电观察或测试运算放大器的输出端和反相输入端之间的反馈电阻，以确定是否有负反馈，如果无负反馈，说明运算放大器是做比较器用，就应该用比较器的电压比较逻辑来判断，看输出端是否符合这个逻辑关系。通过测试发现一个运算放大器 MAX942 外围电路存在负反馈，但是却不符合虚短特点，将此运算放大器拆下，万用表电阻挡正反测试，发现此运算放大器的正负电源输入端之间只有100 多欧姆电阻值，显然已经损坏。更换新的运算放大器，电路板拿客户工厂上机使用正常。

经验总结：运算放大器在线好坏的判断，结构相同的电路可以通过对比阻值或 VI 曲线来判断，单独的运算放大器测试也可以通过给运算放大器加电来测试同相输入端和反向输入端电压来判断。如果同相端和反向端电压一致（相差很小，大致以小于 0.1V 为准），则判断该运算放大器是好的，如果不一致，则检查反向输入端和输出端之间有没有接反馈电阻，没有反馈电阻，运算放大器就是做比较器用的，输出电压就应该符合比较器的输出逻辑，如果不符合，则判断器件损坏。

8.21 生产线 IO 控制板异常

故障：某制造生产线主控屏幕显示 IO 板异常。

检修：如图 8.32 所示 IO 板，先目测检查，观察有无烧焦元件，电路板有无受到腐蚀断线之处，特别是电池周边的电路板部分和电解电容周边的电路部分是最容易受到腐蚀的部位。用放大 20 倍放大镜检查后，发现并无断线之处。然后确认电路板的供电电压。74 系列数字电路以 5V 或者 3.3V 供电电压最为常见，一些板卡有稳压电压变换部分，有些板卡电压直接来自接线端子。来自稳压电压变换的应该寻找稳压电压变换芯片，如有些直接使用7805 之类线性稳压芯片，有些使用 LM2576 之类 BUCK 电路芯片，直接找到这些芯片就可以确定数字电路的供电电压。电压来自接线端子的，可以找到典型数字电路芯片，查看该芯片的数据手册，确认供电电压大小。模拟电路部分供电应查找运算放大器芯片，确认供电脚的走线去向。确认电路板的供电后，可以用万用表测试一下电源正负之间的电阻值，根据欧姆定律估算一下电流大小，然后算一下功率。电流和功率大小不能偏离常识太多，比如 24V 供电，只有 10Ω 电阻值，根据公式功率 $W=U^2/R$ 知通电后板子功率达到 57.6W，显然太大，故板子存在短路可能。经查此板 5V 电源正负端电阻 2.8Ω，显然存在短路。从维修电源引入 5V 至电路板，先把电流调整至最小，然后慢慢加大。观察电压和电流显示大小，电压和电流的乘积就是板子此时消耗的功率，慢慢调整电流的大小，将功率控制在 1～2W 之间，然后用手摸芯片感应温度大小，如果某个芯片异常发烫，那么这个芯片就存在短路的可能。然后将发烫的芯片拆下，再测量板子电源两端电阻值，如果阻值恢复正常，不再偏小，说明拆下的芯片就是短路的芯片。或者直接在芯片的电源脚两端测试阻值，如果阻值很小，就可以百分之百确定芯片损坏。此板经检查，发现 1 片 CPLD 芯片损坏，CPLD 是有程序的，不可以买新的更换，因为没有程序内容，只能从相同的报废电路板上拆下还没有损坏的相同位置芯片更换。

图 8.32　IO 板

经验总结：遇到带程序芯片损坏，而又没有可供正确复制的情况，应该果断放弃维修，以免浪费时间精力。

8.22　测温电路无温度显示

故障：某温度检测板卡故障，上位机无温度显示，其它控制功能正常。如图 8.33 所示。

检修：此温度检测电路的原理是：使用四线制检测 Pt100 阻值，让 Pt100 流过一个恒流源，然后检测 Pt100 两端的电压，知道电压差就可以计算电阻值，然后利用单片机查表指令得出对应的温度值。两个 Pt100 两端的电压是通过模拟开关 MAX339 切换来分时检测的。电压信号送 AD 转换器 AD7707BRZ 转换成数字信号，以串行方式发送给 CPU。只有温度无显示，其它功能正常，说明上位机和控制板的通信是好的，能够传送控制命令，问题在测温电路。模拟开关 MAX339 内部电路如图 8.34 所示。给整个板卡通电，测试模拟开关 MAX339 供电电压正常，示波器测试 MAX339 的地址选择信号 A0、A1 有变化的波形，模拟通道 COMA

电压随着地址信号 A0、A1 的变化也在跳变，说明模拟开关可以正确地控制，下一步检查 AD 转换器是否把模拟信号正确地转换为数字信号。图 8.35 是模数转换器 AD7707 的内部结构框图。用示波器分别检测该芯片的电源、片选、输入模拟电压、时钟信号、参考电压、串行输入信号、串行输出信号，都有正常幅度的信号，推测该芯片内部转换不良，虽然有转换过程，但是没有把模拟信号转换成正确的数字信号。购相同芯片代换，再通电，使用 120Ω 电阻代替 Pt100，观察温度显示 50.1℃，正常，问题解决。

图 8.33　温度检测板卡不能测试温度

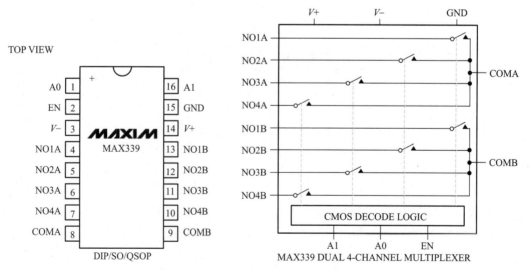

图 8.34　**MAX339 引脚分布及内部电路**

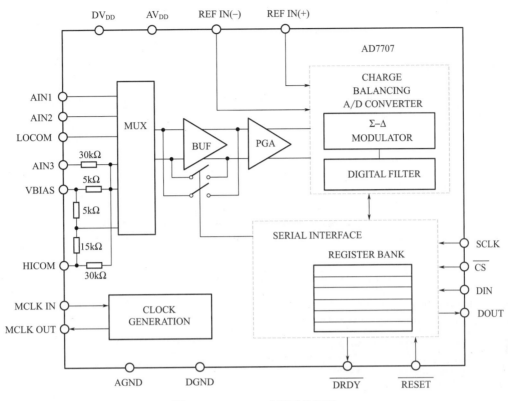

图 8.35　AD7707 内部结构框图

　　经验总结：碰到维修与温度检测相关的电路板，应该对常见的几种温度检测电路形式有详细了解，再碰到类似电路就可以轻车熟路，思路清晰。

8.23　霍尼韦尔控制板无显示

　　故障：某霍尼韦尔控制板通电无显示，如图 8.36 所示。

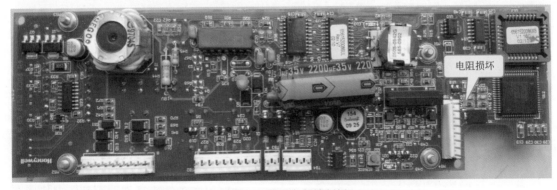

图 8.36　霍尼韦尔控制板

　　检修：图 8.36 中电路板外接交流电源，经整流桥堆整流，2200μF/35V 电容滤波，再经

BUCK 电路稳压后得到 5V 电压，供数字电路和单片机使用。在桥堆交流输入端接入直流 24V，产生的效果和接入交流一样，都经过桥堆后得到一定方向的直流电流。用万用表直流电压挡测试电源输出，5V 非常稳定，小数点后面三位都没有跳动，交流电压挡测试交流成分也是毫伏级别。示波器测试晶振波形，发现没有波形，怀疑晶振损坏，更换后控制板仍然没有显示。无意中测量晶振旁边一个 270Ω 电阻，发现阻值有数千欧姆，确认损坏。经查，此电容是串联在晶振输出脚到单片机输入脚之间的。更换电阻后，显示正常。

经验总结：检测单片机系统是否工作，要满足 4 要素，即：①电源正常；②时钟正常；③复位正常；④程序正常。可依次围绕这几点逐一排查故障可能性，最终走向真相。

8.24 ABB DCS 模块部分通道不正常

故障：如图 8.37 所示，用户反映 ABB DCS 模块部分通道不正常。

指针表查出有漏电

图 8.37　ABB DCS 模块部分通道不正常

检修：该模块有 16 个通道，每一个通道都是一样的电路结构，首先使用数字万用表测试所有电阻，查看显示与实际标称的差异，对比 15 路相同部位元件的电阻值，发现基本相同。用指针万用表 ×1k 挡测试大体积贴片电容两端，发现指针没有偏转，使用指针表 ×10k

挡测试电容，发现测试其中有 3 个未知的电容时偏转明显，如图 8.37 指示问号处。将做好标记的电容拆下，用指针万用表 ×10k 挡单独测试，发现仍然有偏转，指针回不到最左边位置，说明电容有漏电。电容的耐压未知，拆下几个没有漏电的电容，使用耐压测试仪测试，然后记录一下电容的耐压，购买相同耐压的电容代换漏电的电容。

　　经验总结：某些器件在特定电压下才会呈现出故障，维修时要灵活运用测试条件，本例电容漏电，就是特定电压以上，电容才呈现漏电特性。

8.25　牧野电火花机控制板维修

　　故障：机器启动后无反应，也不报警，无其它明显示故障。如图 8.38 所示。

图 8.38　牧野电火花机控制板

　　检修：检查电路板外观良好，也很干净，排除外观故障。对主要元器件测试阻值，无明显偏小。确认数字电路使用 5V 电压，使用可调电源给电路板上 5V 电压。测试单片机引脚，有数据波形，说明单片机程序运转正常。用手摸主要元器件，发现有一个 LM325 芯片表面发热严重，烫手，可以肯定此处有短路，用好的 LM325 替换后，再上电，发现芯片不发热了，由此断定 LM325 芯片内部短路，造成了控制板故障。

经验总结：正常情况下，不带散热器的电子元件的发热，都在用手摸可以忍受的范围，大约40℃的样子，如果用手感知电子元件表面，热得想即刻脱离接触，即可基本判定为过热，考虑电子元件有短路的可能。

8.26 FANUC 主控板不工作，显示屏没有任何显示

故障：收到客户送修板 FANUC 主控板，反映 FANUC 主控板 CPU 不工作，显示屏没有任何显示。

检修：如图 8.39 所示，显示屏不显示先要确定故障范围在显示器还是主控板，可以通过测量主控板到显示屏的信号线波形来判断，如果有波形，则故障在显示屏；无波形，则故障在主控板。另外主控板有没有正常工作，也可以通过观察有没有指示灯闪烁，有没有自检提示音（如果主板有此功能的话）来判断。此板客户在送板之前已经用好的显示屏替换过，确定了显示屏工作正常，是主控板的问题。主控板要正常工作，必须满足单片机工作的必要条件，即电源正常、时钟正常、复位正常、执行程序正常。经逐步测量，发现该 FANUC

晶振损坏无输出

图 8.39 FANUC 主控板晶振损坏

主控板有两个四脚的有源晶振，通电后，其中一晶振 2、4 脚之间电压是 5V，说明有源晶振供电正常，测试 3 脚输出信号端对 2 脚接地端电压也是 5V，说明晶振长期输出高电平状态，没有时钟信号输出。而另外一个晶振输出正常。将损坏的晶振更换，主控板通电，显示屏恢复正常显示。

经验总结：晶振虽然损坏的概率不高，但还是偶尔有损坏情况。判断晶振是否损坏，最直观的办法是使用示波器测试晶振输出波形。有源晶振的测试使用万用表测输出脚电压即可，一般来说，输出脚对地电压为电源电压的一半，如果输出脚电压是电源电压或接地电压，则可判断晶振损坏。

8.27　ALPHA 900 制版机无法连接电脑

故障：印刷厂客户有一台印刷设备，爱司凯 ALPHA900 制版机电路控制板，客户反映该制版机无法连接电脑。

检修：如图 8.40 所示，该 ALPHA 900 制版机采用 USB2.0 连接电脑，使用软件系统控制，给主板上多电路供电，用 USB 线连接电脑，发现无法找到新硬件，与客户描述一致。用示波器检测 CPU 端，发现晶振、电压、复位信号都正常，排除主板故障，应该是 USB 接口电路故障，导致主机无法识别。测试 USB 接口电路芯片，发现有一个通信脚对地阻值为四十几欧，说明芯片有短路，更换 USB 接口芯片，上电后电脑能检测到 USB 设备。

图 8.40　制版机无法连接电脑

经验总结：USB 口是否损坏，可以测试 USB 数据脚对地和对电源正极的阻值来大致判断，然后找到 USB 接口芯片对应引脚，确认芯片问题，更换即可。

8.28 库卡机器人 KCP2 示教盒无法正常开机

故障：用户送修一台德国库卡机器人示教盒，型号为 KCP2 系列，故障现象为有时不开机，黑屏，有时开机不久就死机。如图 8.41 所示。

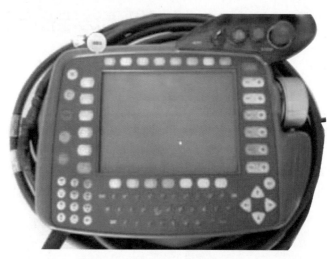

图 8.41 库卡机器人 KCP2 示教盒

检修：用户对故障的描述往往比较表面，比如说的不开机，并不一定是不开机，可能主板 CPU 已经工作，只是显示屏没有显示而已，所以不能单单检查电源或主板程序是否跑起来，显示部分的电源也要考虑。拆开机器先做观察，如图 8.42 所示，发现板上有明显的烧损痕迹。再细看，这块板应该他人经手维修过，上面的一个元件已经缺失，参数未知。

通过对电路的分析，特别是旁边的芯片 LT1182CS，查数据手册，这个芯片是专门用来控制显示的芯片，缺失的元件判断是给该芯片供电的开关三极管。

首先把烧焦的 PCB 部分进行处理，对板上的两个引脚做测量，发现电阻值偏低，而且还不稳定，阻值忽高忽低。原因是底板烧焦造成有短路现象，这个短路不稳定，时有时无，这时再对比客户反映的故障现象就很清楚了，应该是该处短路造成显示芯片供电时有时无，有时开不了机就是短路了，有时候能开机就是没短路，然后又死机看不到显示，都是由这个原因引起的。对于这种情况，要用刻刀将烧焦处深挖直到见到板的底色才行，再找一个 PNP 型 500mA 以上的三极管，用飞线将三个引脚分别焊上对应电路，再打上热熔胶固定，整机重新上电，故障排除。

经验总结：对于有 PCB 烧焦痕迹的电路板，应使用刻刀将烧损部位彻底清理，露出 PCB 底色，否则烧焦碳化部位会有漏电，导致维修不彻底，再次引发故障。

图 8.42　PCB 烧黑碳化

8.29　半导体机器程序卡传不进程序

故障：某 MOS 制造单位机器上 1 块程序卡，用户反映传不进程序，确认卡有问题，程序存储卡如图 8.43 所示。

检修：观察该电路板由一些 RAM、PLD、74 系列数字芯片、电池及跳线组成。测试电池电压只有 0.7V，且电池引脚有焊接痕迹，显然有维修过的痕迹。询问客户先前电池更换后是否可以恢复 RAM 数据，答复可以，但是这次不行，送不进程序。

RAM 芯片 62256 的引脚含义见图 8.44，测试其上电压为 0.48V，电池电压 0.7V，说明电池电压已经正确传导至 RAM，万用表通断挡测试各跳线是否接触良好，排除接触不良故障。然后逐个取下 RAM 芯片，使用编程器的 RAM 测试功能测试，测试都是正常的。能够测试的 74 芯片也都能通过功能测试。剩下 PLD 芯片不能使用测试功能，只能将各脚对 GND 和 V_{cc} 测量阻值，也没有发现明显内部短路的情况。

考虑到往 RAM 传入数据就是不断往芯片内执行"写"操作，若要正确地执行操作，必须有芯片的片选 CS 和写入使能 WE 都变成低电平，同时数据和地址总线还不能出现错误。以前就有碰到使能信号断线导致不能写入的情况，检查时顺着片选和写入使能信号查找走向，没有发现问题。

图 8.43　程序存储卡

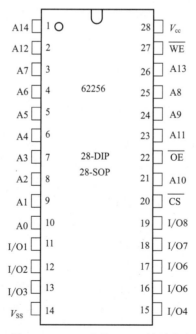

图 8.44　RAM 芯片 62256 的引脚含义